3ª edição

análise estrutural

para Engenharia Civil e Arquitetura
estruturas isostáticas

Moacir Kripka

3ª edição

análise estrutural

para Engenharia Civil e Arquitetura
estruturas isostáticas

© Copyright 2020 Oficina de Textos

Grafia atualizada conforme o Acordo Ortográfico da Língua
Portuguesa de 1990, em vigor no Brasil desde 2009.

Conselho editorial   Arthur Pinto Chaves; Cylon Gonçalves da Silva;
Doris C. C. K. Kowaltowski; José Galizia Tundisi;
Luis Enrique Sánchez; Paulo Helene;
Rozely Ferreira dos Santos; Teresa Gallotti Florenzano

Capa, projeto gráfico e diagramação Malu Vallim
Foto capa Alvaro Pinot (www.unsplash.com)
Preparação de figuras Victor Azevedo
Preparação de textos Hélio Hideki Iraha
Revisão de textos Natália Pinheiro Soares
Impressão e acabamento BMF gráfica e editora

Dados Internacionais de Catalogação na Publicação (CIP)
(Câmara Brasileira do Livro, SP, Brasil)

Kripka, Moacir
Análise estrutural para engenharia civil e
arquitetura : estruturas isostáticas / Moacir
Kripka. -- 3. ed. -- São Paulo : Oficina de Textos,
2020.

Bibliografia.
ISBN 978-65-86235-11-1

1. Análise estrutural (Engenharia) 2. Engenharia
de estruturas 3. Estática 4. Estruturas - Teoria
I. Título.

20-51514   CDD-624.171

Índices para catálogo sistemático:
1. Estruturas isostáticas : Engenharia civil 624.171

Cibele Maria Dias - Bibliotecária - CRB-8/9427

Todos os direitos reservados à **Oficina de Textos**
Rua Cubatão, 798
CEP 04013-003 – São Paulo – Brasil
Fone (11) 3085 7933
www.ofitexto.com.br e-mail: atend@ofitexto.com.br

Apresentação
da primeira e segunda edições

Conceito e simplicidade.

O estudo da engenharia, mesmo na época em que vivemos, não pode ser medido pela complexidade dos programas e dos equipamentos que atualmente dispomos. Existe ainda hoje uma tênue linha que liga os arquitetos das pirâmides egípcias aos executores das pontes e aquedutos romanos, aos cientistas das descobertas da época do Renascimento e aos engenheiros do nosso tempo: o domínio dos conceitos elementares do equilíbrio dos corpos e a simplicidade de sua aplicação. É bem verdade que o mundo ficou complexo: novos materiais, arrojo nas dimensões, processamento simultâneo, hiperestaticidade superlativa, geometria arrojada, dentre outras diárias invenções da desafiadora mente humana. Mas, na essência, sua natureza é a mesma. Resgatada fica assim a perene importância dos conceitos e suas aplicações.

O presente livro, *Análise estrutural para Engenharia Civil e Arquitetura: estruturas isostáticas*, de Moacir Kripka, é rico por este mérito. Oferece aos seus leitores as condições para entender os fundamentos do equilíbrio dos corpos rígidos, a natureza de seus vínculos e a tipologia de suas estruturas e solicitações. Passo a passo, como convém aos iniciantes na área ou mesmo àqueles que queiram retomar e melhor compreender conceitos fundamentais para o bom entendimento da modelagem estrutural.

O desenvolvimento do texto demonstra a dedicação do autor em compor e aproximar o mundo teórico ao mundo real, incluindo exemplos e ilustrações que justificam a relevância do indispensável entendimento dos conceitos para sua correta aplicação. Sem isso, sem esta capacidade cognitiva de evoluir, propor e empreender, nossa diferença com a máquina, ou mesmo com os animais, seria mínima. Se assim fosse, fatores básicos do avanço tecnológico e da inovação seriam perdidos, assim como habilidades e atitudes inerentes ao ser humano.

Esta é a rica contribuição do autor aos seus leitores.

Eduardo Giugliani
Professor Titular da PUCRS
Diretor Regional da Associação Brasileira de Ensino de Engenharia (Abenge)
Porto Alegre, janeiro de 2008

Apresentação da terceira edição

A Engenharia é algo vivo que se aplica e se transmite às futuras gerações. Nunca se começa do zero e, como disse Isaac Newton em uma carta a Robert Hook, "se vi mais longe é porque estou sentado sobre o ombro de gigantes". Portanto, o trabalho docente em Engenharia sustenta o avanço tecnológico. No entanto, esse progresso não é gratuito; são necessários um esforço enorme e uma grande dedicação para resolver os problemas cada dia mais complexos enfrentados pelos engenheiros. Assim, a docência em Engenharia deve nutrir-se da atividade profissional e da pesquisa.

Uma das grandes satisfações que o mundo acadêmico permite é a de encontrar almas gêmeas cujas preocupações técnicas e científicas são semelhantes às suas. É o caso do Prof. Moacir Kripka. Tivemos a oportunidade de manter longas conversas durante sua estada como professor visitante na Universidade Politécnica de Valência. O amor pelas estruturas, pela otimização e pela sustentabilidade, interesses em comum, proporcionou um intercâmbio de ideais e experiências que se refletiram em diversos artigos científicos de impacto internacional. O que iniciou sendo um encontro entre colegas culminou, ao cabo de alguns meses, em uma cumplicidade e amizade que persistem ao longo do tempo.

Foi essa cumplicidade que tornou impossível recusar o pedido para redigir a apresentação de seu novo livro sobre análise estrutural. É uma honra para mim, e pela qual me sinto agradecido, pois consiste em apresentar um livro redigido por um extraordinário docente no âmbito das estruturas em Engenharia Civil e Arquitetura. Trata-se de um texto capaz de explicar de forma simples os muitas vezes complexos aspectos que apresenta a análise estrutural. O livro aborda, mediante ilustrações e exemplos, os conceitos fundamentais do comportamento das estruturas e, em consequência, de seu dimensionamento. Embora se trate de um texto orientado à formação universitária no âmbito técnico, certamente é um guia para os que se encontram em pleno exercício de sua profissão.

Por último, antes que o leitor inicie com avidez a leitura deste livro, gostaria de refletir sobre a necessidade de estabelecer fortes bases conceituais no âmbito da análise estrutural. De fato, atualmente estamos imersos na Quarta Revolução Industrial, também conhecida como Indústria 4.0. Esse conceito, cunhado em 2016 por Klaus Schwab, fundador do Fórum Econômico Mundial, engloba as tendências atuais de automatização e de intercâmbio de dados. Nesse contexto se incluem a inteligência artificial, a mineração de dados, a internet das coisas, os sistemas ciberfísicos e os gêmeos digitais, entre outros.

Pois bem, a simulação numérica, a modelagem e a experimentação foram os três pilares sobre os quais se desenvolveu a Engenharia no século XX. A modelagem numérica, que seria o nome tradicional dado ao "gêmeo digital", apresenta problemas práticos por se caracterizar como um modelo estático, uma vez que não se retroalimenta de forma contínua dos dados procedentes do mundo real através do monitoramento contínuo. Esses modelos numéricos (usualmente elementos finitos, diferenças finitas, volumes finitos etc.) são suficientemente precisos se seus parâmetros são bem calibrados. A alternativa a esses modelos numéricos é o uso de modelos preditivos baseados em dados massivos *big-data*, constituindo "caixas-pretas" com alta capacidade de predição devido a sua aprendizagem automática *machine-learning*, mas que ocultam o fundamento físico que sustenta os dados (por exemplo, redes neurais). No entanto, a experimentação é extremamente cara e lenta para alimentar esses modelos baseados em dados massivos. A troca de paradigma, portanto, baseia-se no uso de dados inteligentes *(smart-data paradigm)*. Essa troca deve se basear não na redução da complexidade dos modelos, mas sim na redução dimensional dos problemas, da retroalimentação contínua dos dados do modelo numérico com relação à realidade monitorada e ao uso de potentes ferramentas de cálculo que permitam a interação em tempo real, obtendo respostas a trocas paramétricas. Em outras palavras, deveríamos poder interagir em tempo real com o gêmeo virtual. Assim, estamos diante de outra realidade, que é o gêmeo virtual híbrido.

Pois bem, toda essa troca de paradigma não deve esquecer os fundamentos nos quais se baseiam os modelos. No caso das estruturas, a compreensão dos princípios básicos que fundamentam sua análise é a chave para a modelagem numérica e a experimentação. Uma boa base para tais conhecimentos é este livro do Prof. Kripka sobre análise estrutural. Espero que desfrutem de sua leitura.

Víctor Yepes
Catedrático
Universidade Politécnica de Valência
Valência, novembro de 2019

Prefácio

Em Engenharia, costuma-se definir a palavra *estrutura* como o conjunto de elementos unidos de modo a formar um conjunto estável. Trata-se de um conceito bastante amplo, o que permite aplicá-lo às mais diversas áreas do conhecimento (tanto uma estação espacial como o corpo humano constituem estruturas, e assim são tratados por distintos ramos da Engenharia).

Em função desse caráter genérico, também genérica é a abordagem efetuada por grande parte da bibliografia técnica da área. Em consequência, é comum encontrar entre os acadêmicos aqueles que efetuam cálculos com grande habilidade, sem qualquer noção do fenômeno físico relacionado.

O grande desafio que se coloca na elaboração de um livro didático constitui-se em proporcionar a vinculação com o mundo real sem pecar, por um lado, pelo excesso de informação periférica e, por outro, tentando evitar uma abordagem meramente qualitativa, a qual privaria o aluno do ferramental necessário. É com esse objetivo que foi escrita a presente obra.

As ilustrações e os exemplos englobam basicamente obras civis. Essa opção se deve tanto pela proximidade dessas obras com a realidade da maioria dos engenheiros e arquitetos como pela formação original do autor.

Esta obra aborda conceitos fundamentais à compreensão do comportamento das estruturas e, em consequência, de seu correto dimensionamento. Como complemento às primeiras edições, lançadas em 2008 e 2011, destaca-se a inclusão de um capítulo específico relativo ao cálculo de deslocamentos em estruturas. Apesar de os conteúdos tratados estarem dispostos na sequência com que normalmente são abordados, o grau de profundidade é deixado a cargo do leitor. Com essa finalidade, os itens considerados não imprescindíveis ao entendimento estão assinalados com asterisco no sumário.

Assim como nas demais edições, a colaboração e o incentivo de alunos e colegas da Faculdade de Engenharia e Arquitetura da Universidade de Passo Fundo foi de fundamental importância. Em especial, o autor destaca a contribuição dos acadêmicos Felipe Castelli Sasso, Tainá Perin Della Pasqua, Grégori Poletto Nicolli e Vinícius Luvezute Kripka, pelo valioso trabalho de revisão do texto e elaboração de novas figuras. Agradece também o apoio incondicional da esposa, Rosana, e dos filhos, Vinícius e Guilherme. Por fim, agradece à editora Oficina de Textos por viabilizar a reedição desta obra.

Comentários e sugestões são sempre bem-vindos (mkripka@gmail.com).

Análise estrutural para Engenharia Civil e Arquitetura

Sumário

1 ESTRUTURAS E MODELOS ESTRUTURAIS – 13
- 1.1 Conceitos gerais – 13
- 1.2 Grandezas fundamentais – 16
  - 1.2.1 Força – 16
  - 1.2.2 Momento – 17
- 1.3 Condições de equilíbrio – 18
  - 1.3.1 Condições necessárias e suficientes – 18
  - 1.3.2 Condições de equilíbrio estático – 20
- 1.4 Graus de liberdade (gl) – 24

2 REAÇÕES DE APOIO – 25
- 2.1 Apoio (ou vínculo) – 25
- 2.2 Determinação das reações de apoio – 26
- 2.3 Classificação das estruturas quanto à estaticidade – 28
  - 2.3.1 Estrutura hipostática – 29
  - 2.3.2 Estrutura isostática – 29
  - 2.3.3 Estrutura hiperestática – 29
- 2.4 Exercícios propostos – 30

3 AÇÕES NAS ESTRUTURAS – 31
- 3.1 Classificação das ações – 31
- 3.2 Determinação dos valores das ações – 32
  - 3.2.1 Determinação da ação do vento – 32
  - 3.2.2 Determinação das ações permanentes e das ações variáveis verticais – 33
  - 3.2.3 Ações sísmicas – 34
- 3.3 Forma de distribuição das ações na estrutura – 35
  - 3.3.1 Carga concentrada – 35
  - 3.3.2 Carga distribuída – 35
- 3.4 Exercícios propostos – 36

4 ESFORÇOS SOLICITANTES – 39
- 4.1 Conceitos fundamentais – 39
  - 4.1.1 Efeitos de um sistema de forças em cada seção – 40
  - 4.1.2 Decomposição de m e F – 40
  - 4.1.3 Efeito de cada componente – 41
  - 4.1.4 Diagramas de esforços (linhas de estado) – 45
- 4.2 Determinação dos esforços para o traçado dos diagramas – método das equações – 46

4.3 Relações diferenciais entre carga, esforço cortante e momento fletor – 50

4.4 Construção geométrica dos diagramas para vigas biapoiadas – 53

    4.4.1 Carga concentrada – reações e diagramas de esforços – 53

    4.4.2 Carga uniformemente distribuída – reações e diagramas de esforços – 54

    4.4.3 Carga momento – reações e diagramas de esforços – 56

4.5 Determinação dos esforços para o traçado dos diagramas – método dos pontos de transição* – 58

4.6 Vigas Gerber* – 63

4.7 Vigas inclinadas – 72

4.8 Exercícios propostos – 77

5 PÓRTICOS PLANOS – 79

5.1 Pórticos simples – 79

5.2 Pórticos compostos – 84

    5.2.1 Pórticos superpostos – 84

    5.2.2 Pórticos múltiplos – 85

5.3 Exercícios propostos – 91

6 TRELIÇAS PLANAS – 95

6.1 Estaticidade e lei de formação – 97

6.2 Determinação dos esforços em treliças simples isostáticas – 101

    6.2.1 Método de Ritter – 101

    6.2.2 Método dos nós – 104

6.3 Exercícios propostos – 107

7 GRELHAS* – 111

8 DESLOCAMENTOS EM ESTRUTURAS ISOSTÁTICAS – 115

8.1 Princípio dos trabalhos virtuais (PTV) – 116

    8.1.1 Trabalho virtual das forças internas (*Wint*) – 117

    8.1.2 Trabalho virtual das forças externas (*Wext*) – 118

8.2 Método da carga unitária (método de Mohr) – 119

    8.2.1 Caso geral – 119

    8.2.2 Variação de temperatura – 126

    8.2.3 Recalques (cedimentos) de apoio – 130

8.3 Exercícios propostos – 132

APÊNDICES

1 Etapas envolvidas no projeto de uma estrutura convencional – 135

2 Respostas dos exercícios propostos – 141

REFERÊNCIAS BIBLIOGRÁFICAS – 157

Estruturas e modelos estruturais 1

O que se costuma chamar de *cálculo estrutural* pode ser dividido em duas grandes etapas, quais sejam: análise e dimensionamento. O objetivo da análise consiste em conhecer os efeitos de um sistema de forças sobre a estrutura (isto é, a forma como a estrutura "reage" às ações que incidem sobre ela), tanto com relação a esforços como a deformações. Conhecido o comportamento da estrutura, efetua-se o dimensionamento com o objetivo de que ela não entre em colapso nem se deforme excessivamente durante toda a sua vida útil, estimada em 50 anos para as edificações usuais. Esse dimensionamento é realizado em função do material estrutural adotado, sendo que cada um (aço, concreto armado, madeira...) possui normas técnicas específicas que orientam nessa tarefa. Para um elemento em concreto armado, por exemplo, a análise permite determinar tanto suas dimensões externas como a quantidade de aço necessária (*armadura*), com sua correspondente posição dentro do elemento.

De forma simplificada, pode-se dizer que a análise de uma estrutura independe do material do qual será composta.

A área de estruturas, a exemplo de outras áreas do conhecimento, possui sua terminologia própria. Assim, o restante deste capítulo dedica-se a introduzir o estudante nessa nomenclatura, ao mesmo tempo que são apresentados conceitos diversos que fundamentam a análise estrutural.

1.1 Conceitos gerais

O estudo da análise estrutural demanda o conhecimento de alguns conceitos básicos:

- *Análise estrutural*: estudo de esforços e deslocamentos em estruturas.
- *Estrutura*: elementos unidos entre si e ao meio exterior de modo a formar um conjunto estável.
- *Conjunto estável*: conjunto capaz de receber solicitações externas, absorvê-las e transmiti-las até seus apoios, onde encontrarão seu sistema estático equilibrante.

Como já se observou, o conceito de estrutura é bastante amplo. A Fig. 1.1 ilustra parte de uma estrutura convencional de uma edificação, composta por elementos designados como lajes, vigas e pilares. No caso, as ações (devidas a pessoas, móveis etc.) são aplicadas diretamente sobre a laje, a qual deve transmiti-las às vigas sem se quebrar nem se deformar em demasia. Da mesma forma, as ações devem ser transmitidas pelas vigas aos pilares e, desses, ao meio exterior (no caso do solo, com o auxílio das fundações), o qual reagirá, impedindo o movimento da estrutura. Assim, a função da estrutura é tão somente a de propiciar a transmissão das ações para o meio exterior.

Cabe frisar que uma estrutura pode ser igualmente estável sem pilares (transmitindo as ações verticais através de paredes de alvenaria, por exemplo) ou sem vigas

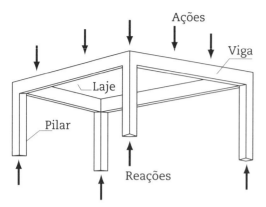

Fig. 1.1 *Exemplo de uma estrutura convencional*

(com as lajes unidas diretamente aos pilares, num sistema conhecido como laje plana, ou *cogumelo*). Caberá ao calculista, portanto, antes da análise e do dimensionamento, a determinação do sistema e da disposição dos elementos estruturais – o chamado *lançamento da estrutura*.

Determinar com exatidão o comportamento estrutural, ainda que de um único elemento, é tarefa extremamente complexa, em razão de todas as incertezas envolvidas (por exemplo, tanto no valor das ações como na capacidade resistente dos materiais). Por isso, uma série de simplificações é necessária, com o objetivo de viabilizar a análise da estrutura. Uma dessas diz respeito à classificação dos elementos estruturais como unidimensionais, bidimensionais ou tridimensionais, efetuada tanto em função das dimensões relativas como da forma de atuação do carregamento em relação ao elemento:

- *Unidimensionais*: são aqueles elementos nos quais uma das dimensões é predominante; podem ser representados, simplificadamente, por uma barra, coincidente com o eixo do elemento, o qual é obtido pela união dos centros geométricos (ou centroides) das infinitas seções transversais. Os elementos de barras são também conhecidos como elementos lineares, e as estruturas compostas por eles, como estruturas reticuladas (Fig. 1.2).

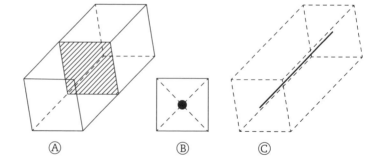

Fig. 1.2 *Representação de um elemento unidimensional:*
(A) seção transversal,
(B) centro geométrico e
(C) eixo do elemento

Exemplos de elementos unidimensionais são as vigas e os pilares usuais. Vigas são elementos cuja ação predominante (principal) é perpendicular à maior dimensão (Fig. 1.3). Nos pilares, a ação predominante é paralela à maior dimensão (Fig. 1.4).
- *Bidimensionais*: são os elementos nos quais uma das dimensões é pequena em relação às demais. Exemplos clássicos:
  - *Placas*: ação predominante perpendicular ao plano formado pelas duas maiores dimensões e situado na metade da espessura (plano médio, Fig. 1.5). As lajes de uma edificação se comportam como placas quando submetidas ao carregamento gravitacional (peso da própria laje, ação de pessoas etc.).

1 Estruturas e modelos estruturais | 15

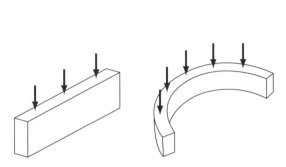

Fig. 1.3 *Vigas (as setas representam a ação predominante)*

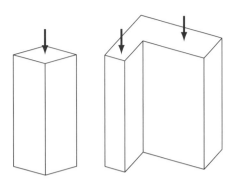

Fig. 1.4 *Pilares (as setas representam a ação predominante)*

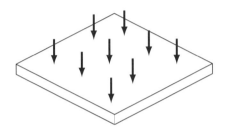

Fig. 1.5 *Placas (as setas representam a ação predominante)*

- Chapas: ação predominante paralela ao plano médio (Fig. 1.6). Exemplos de chapas são as próprias vigas e pilares, quando uma das dimensões deixa de ser preponderante (nesses casos são designados, respectivamente, como viga-parede e pilar-parede).
- Cascas: são elementos de superfície curva (Fig. 1.7). Cascas usuais são as coberturas de ginásios e as paredes de reservatórios cilíndricos.

• *Tridimensionais*: são os elementos nos quais todas as dimensões possuem mesma ordem de grandeza. É o caso de blocos de fundação, empregados para transmitir a carga da estrutura para as estacas (Fig. 1.8).

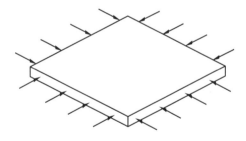

Fig. 1.6 *Chapas (as setas representam a ação predominante)*

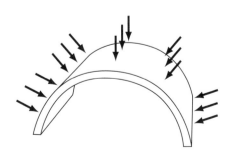

Fig. 1.7 *Cascas (as setas representam a ação predominante)*

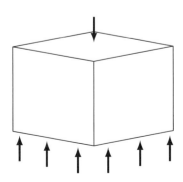

Fig. 1.8 *Bloco de fundação*

16 | Análise estrutural para Engenharia Civil e Arquitetura

Não existem limites rígidos para que se defina quando uma viga passa a se comportar como viga-parede (o principal fator que determina se um elemento pode ser associado a uma barra consiste na manutenção de sua seção transversal plana após a deformação, conhecida como *hipótese das seções planas* ou de Bernoulli). No entanto, diversas indicações de limites podem ser encontradas na literatura técnica. A título de orientação, a norma técnica brasileira NBR 6118 (ABNT, 2014) sugere as seguintes relações:

- uma viga (unidimensional) deve ser analisada como viga-parede (chapa) quando seu vão for inferior em duas vezes a maior dimensão da seção transversal (quando se tratar de um único vão) ou em três vezes a maior dimensão da seção transversal (para vigas com apoios intermediários, chamadas de *vigas contínuas*);
- um pilar (unidimensional) deve ser analisado como pilar-parede (chapa) quando a maior dimensão de sua seção transversal for superior em cinco vezes à menor dimensão (também da seção transversal).

1.2 Grandezas fundamentais

De forma simplificada, podem-se representar as ações que incidem na estrutura (e, em consequência, seu comportamento frente a essas ações) na forma de forças e momentos concentrados. Descrevem-se a seguir as principais características de cada uma dessas grandezas.

1.2.1 Força

Consiste numa grandeza vetorial, caracterizada, portanto, por módulo (ou intensidade), direção e sentido. Sua unidade, segundo o Sistema Internacional (SI), é o newton, representado pela letra N. Ainda é comum, embora incorreto, o emprego do quilograma-força (kgf), sendo válida a seguinte relação:

$$1 \text{ kgf} \cong 9,8 \text{ N} \cong 10 \text{ N}$$

Ambas as unidades podem ser representadas por seus múltiplos, o quilonewton (kN) e a tonelada-força (tf):

$$1 \text{ kN} = 1.000 \text{ N} \cong 100 \text{ kgf} = 0,1 \text{ tf}$$

Como se trata de uma grandeza vetorial, uma força $\vec{F}$ pode ser decomposta num sistema triortogonal de eixos:

$$\vec{F} = X\,\vec{i} + Y\,\vec{j} + Z\,\vec{k} \tag{1.1}$$

em que X, Y e Z são escalares e i, j e k são versores (vetores unitários nas três direções ortogonais). Essa decomposição, como se verá mais adiante, implica uma grande simplificação do procedimento de análise.

As forças externas podem ser classificadas como ações ou reações. As ações atuam em qualquer ponto da estrutura, são independentes entre si e conhecidas. Já as reações atuam apenas em determinados pontos da estrutura e são consequência direta das ações (Terceira Lei de Newton, também conhecida como *Lei de Ação e Reação*).

1.2.2 Momento

Consiste no efeito de rotação em torno de um ponto (momento polar) ou de um eixo (momento axial). Depende da força e da distância em relação ao ponto (ou eixo); assim, a unidade de momento no SI é o N · m, ou seu múltiplo.

A exemplo da força, um momento também pode ser decomposto em um sistema triortogonal de eixos. Assim:

$$\vec{m} = M_x \vec{i} + M_y \vec{j} + M_z \vec{k} \tag{1.2}$$

- *Momento em torno de um ponto (momento polar)*: para efeito de determinação do momento polar produzido por uma força $\vec{F}$ em torno de um ponto O, considera-se na Fig. 1.9 o ponto A como um ponto qualquer situado sobre a linha de ação da força $\vec{F}$, e α, como o ângulo entre $\vec{AO}$ e $\vec{F}$.

Nesse caso, o produto vetorial $\vec{m}$ é obtido por:

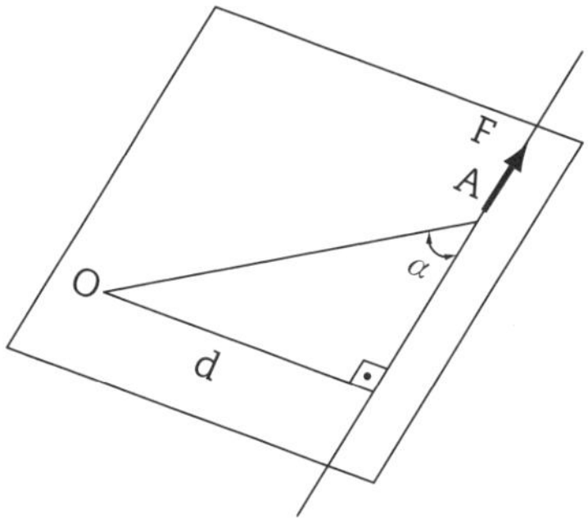

$$\vec{m} = \vec{AO} \wedge \vec{F} = \vec{AO} \cdot \vec{F} \cdot \text{sen}\, \alpha \tag{1.3}$$

Fig. 1.9 *Momento polar*

Observa-se que, fazendo $\alpha = 90°$, tem-se: $\vec{m} = \vec{F} \cdot d$.

Na Fig. 1.9, *d* indica o *braço de alavanca* da força em relação ao ponto, o qual consiste na menor distância entre a força $\vec{F}$ e o ponto O.

A direção do momento é perpendicular ao plano que contém a força $\vec{F}$ e o ponto O; seu sentido é determinado pela regra da mão direita (Fig. 1.10).

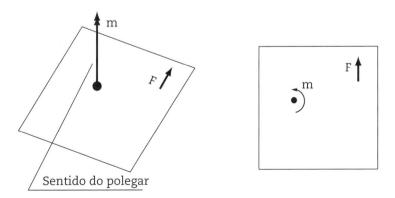

Fig. 1.10 *Momento polar: determinação da direção e do sentido (regra da mão direita)*

- *Momento em relação a um eixo (momento axial)*: uma força só produzirá momento em relação a um eixo caso a força e o eixo não sejam coplanares (ou seja, nem paralelos nem concorrentes).

A Fig. 1.11 ilustra uma força contida no plano XY e os correspondentes momentos.

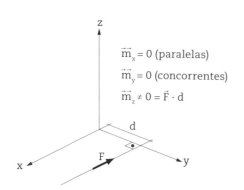

Fig. 1.11 *Momento axial*

Independentemente do número de forças que atuem sobre um ponto qualquer da estrutura, pode-se conhecer seus efeitos reduzindo-as a uma única força e um único momento, concentrados nesse ponto. A determinação desses efeitos pode ser efetuada com o emprego de um binário (Fig. 1.12), o qual consiste num par de forças de mesmo módulo, mesma direção e sentidos opostos. Observa-se que o momento produzido por um binário é sempre o mesmo (invariante) em relação a qualquer ponto do espaço.

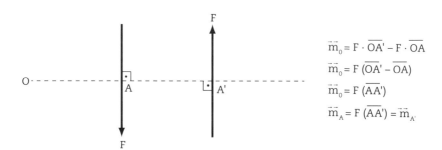

Fig. 1.12 *Determinação do momento para os pontos O e A por meio de um binário*

Assim, por exemplo, o efeito de uma força $\vec{F}$ originalmente aplicada no ponto A pode ser obtido em um ponto B, conforme o sistema ilustrado na Fig. 1.13A. Aplicando-se duas forças $\vec{F}$ iguais e opostas no ponto B e representando o binário pelo momento correspondente, chega-se aos efeitos da força em B (Fig. 1.13B).

Como diversas forças podem ser representadas pela sua resultante, tem-se que o efeito de todo um *sistema* de forças em um ponto qualquer pode ser representado por *uma única* força e *um único* binário (ou uma força e um momento).

1.3 Condições de equilíbrio
1.3.1 Condições necessárias e suficientes
Seja um corpo qualquer submetido a um sistema de forças (Fig. 1.14). Para que o corpo esteja em equilíbrio, é necessário que as tendências de translação e de rotação deste sejam nulas.

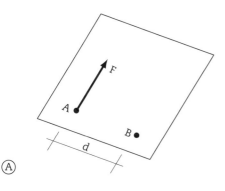

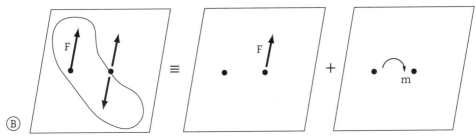

Fig. 1.13 *Redução de um sistema de forças a um ponto: (A) sistema original e (B) equivalente*

Em outras palavras, esse corpo estará em equilíbrio se forem atendidas as seguintes igualdades:

$$\sum \vec{F} = 0 \quad \text{e} \quad \sum \vec{m} = 0 \qquad (1.4)$$

Cabe ressaltar que essas condições devem ser atendidas com relação a *qualquer ponto do espaço*. Ou seja, se tivermos essas igualdades obedecidas em um único ponto, essa condição se repetirá para os demais pontos. Essa constatação é ilustrada na Fig. 1.15, na qual é efetuada a redução, a um ponto O', de um sistema de forças aplicado originalmente no ponto O.

Pela conveniência de se operar com um sistema triortogonal de eixos, as expressões anteriores podem ser reescritas como:

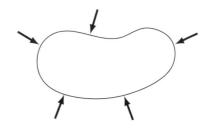

Fig. 1.14 *Corpo genérico submetido a um sistema de forças*

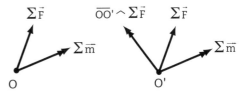

Onde $\overline{OO'} \frown \sum \vec{F} = 0$, pois $\sum \vec{F} = 0$

Fig. 1.15 *Redução de forças de O para O'*

$$\sum \vec{F} = \sum X \vec{i} + \sum Y \vec{j} + \sum Z \vec{k} \qquad (1.5)$$

$$\sum \vec{m} = \sum M_x \vec{i} + \sum M_y \vec{j} + M_z \vec{k} \qquad (1.6)$$

em que i, j e k são versores (vetores unitários). Considerando, então, que uma equação vetorial pode ser substituída por três equações escalares (representando as projeções do vetor nas três direções ortogonais), têm-se as chamadas *equações universais da estática*:

$$\sum X = 0$$

$$\sum Y = 0$$

$$\sum Z = 0 \tag{1.7}$$

$$\sum M_x = 0$$

$$\sum M_y = 0$$

$$\sum M_z = 0$$

As equações universais constituem as condições necessárias e suficientes para que se garanta o equilíbrio de uma estrutura quando submetida a um sistema de forças. Em função, no entanto, da forma de atuação dessas forças, nem todas essas condições precisam ser verificadas, já que algumas podem estar automaticamente satisfeitas. Uma vez que as estruturas constituem, de forma geral, um arranjo de elementos com orientações diversas no espaço (denominadas de estruturas espaciais), a forma de incidência das ações está diretamente relacionada a uma eventual simplificação no modelo estrutural a empregar.

Cabe enfatizar que o modelo estrutural consistirá numa representação *simplificada* da realidade. Em função das características da estrutura e das ações atuantes, nem sempre um modelo mais completo será necessário, visto que sua análise será mais trabalhosa e poderá demandar o domínio de ferramentas e teorias mais complexas. Por outro lado, caso o modelo seja demasiadamente simplificado, poderá não guardar mais relação com o comportamento real da estrutura que está sendo modelada. A fase de concepção e definição do modelo consiste na etapa de maior subjetividade dentro do projeto estrutural, visto que se baseia fundamentalmente no conhecimento, na experiência e na intuição do projetista. Na sequência, apresentam-se as condições que necessitam ser verificadas em função de cada modelo estrutural adotado.

1.3.2 Condições de equilíbrio estático

a] *Quando as cargas não atuam em um único plano*, devem ser verificadas todas as seis equações de equilíbrio. As estruturas submetidas a ações dessa natureza são representadas de forma mais fiel por um arranjo tridimensional. A Fig. 1.16 apresenta dois desses arranjos, quais sejam, um pórtico espacial e uma treliça espacial.

Um exemplo de pórtico consiste na associação de vigas e pilares de uma edificação em concreto armado, moldada no local (Fig. 1.17). Já as torres de transmissão de energia são exemplos clássicos de treliças espaciais, além de algumas estruturas de cobertura (Fig. 1.18).

Os modelos de pórtico e de treliça diferenciam-se fundamentalmente pelo comportamento das uniões (ou *nós*), as quais irão influenciar diretamente nas dimensões finais dos elementos. Nos pórticos, as uniões

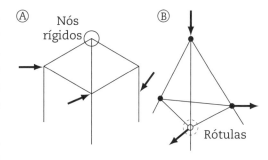

Fig. 1.16 *Estruturas espaciais: (A) pórtico e (B) treliça*

Fig. 1.17 *Pórtico espacial*

Fig. 1.18 *Treliça espacial*

normalmente transmitem a tendência de rotação (momento) entre os elementos que concorrem nesse nó (são os nós rígidos, Fig. 1.19A), de forma que o ângulo entre os elementos não se altera. Já nas treliças, as uniões se comportam como se não houvesse impedimento à rotação relativa entre os elementos (são as rótulas, Fig. 1.19B).

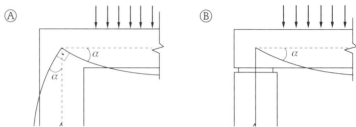

Fig. 1.19 *Comportamento das uniões (nós): (A) rígidas e (B) rotuladas*

No Cap. 6 serão estudadas as condições para que a união de barras em uma treliça se comporte efetivamente como uma rótula. Cabe observar que a união de elementos pré-moldados também é mais adequadamente representada por uma rótula (Fig. 1.20).

Fig. 1.20 *União de elementos pré-moldados*

b] *Quando as cargas atuam em um único plano*, sendo este o plano que contém a estrutura, nem todas as condições de equilíbrio necessitam ser verificadas. Designando por XY o plano da estrutura e das ações (Fig. 1.21), observa-se que, como não existem forças na direção perpendicular ao plano, a condição $\sum Z = 0$ é automaticamente satisfeita (ou seja, se não há ação, não surge nenhuma reação para impedir o movimento nessa direção). Adicionalmente, uma vez que as forças são coplanares com os eixos X e Y, não produzem momento em relação a esses eixos (ou seja, $\sum M_x = 0$ e $\sum M_y = 0$).

Portanto, em estruturas planas com carregamento aplicado no plano da estrutura, a verificação do equilíbrio fica reduzida às seguintes condições:

$$\sum X = 0$$
$$\sum Y = 0 \qquad (1.8)$$
$$\sum M_z = 0$$

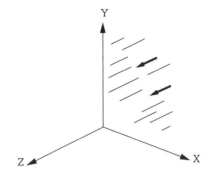

Fig. 1.21 *Cargas atuando no plano XY (mesmo plano da estrutura)*

A consideração da estrutura (ou parte dela) como contida em um único plano (designada como *estrutura plana*) simplifica de forma significativa o trabalho de análise. Convém lembrar, no entanto, que as estruturas são efetivamente tridimensionais, devendo ser garantida a adequada estabilidade também na direção perpendicular ao plano.

A Fig. 1.22 ilustra alguns modelos estruturais obtidos pelo arranjo de elementos unidimensionais de modo a compor estruturas planas carregadas no próprio plano.

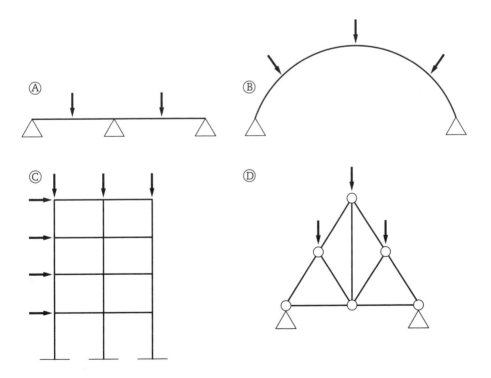

Fig. 1.22 *Estruturas planas carregadas no próprio plano: (A) viga, (B) arco, (C) pórtico plano e (D) treliça plana*

c] *Quando as cargas atuam em um único plano*, dessa vez perpendicular ao da estrutura (Fig. 1.23), apenas as equações correspondentes aos movimentos possíveis precisam ser verificadas.

Dessa forma, lembrando que não é produzido momento em torno de um eixo quando a força é paralela a esse eixo e que só pode haver translação na direção da força, tem-se que:

$$\sum Y = 0$$
$$\sum M_x = 0 \quad (1.9)$$
$$\sum M_z = 0$$

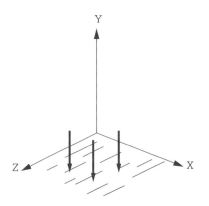

Fig. 1.23 *Cargas atuando na direção Y (perpendicular ao plano XZ da estrutura)*

As demais equações anulam-se identicamente.

Quando o conjunto das vigas de um pavimento é analisado de forma monolítica, ele dá origem ao modelo de grelha (Fig. 1.24).

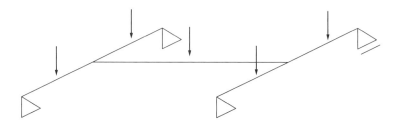

Fig. 1.24 *Grelha*

1.4 Graus de liberdade (*gl*)

Consistem no número de movimentos possíveis e independentes que um corpo pode ter. No espaço, têm-se três rotações e três translações possíveis (e, portanto, seis graus de liberdade). O número de equações de equilíbrio está diretamente relacionado com o número de graus de liberdade da estrutura, o qual por sua vez é função do modelo estrutural adotado. A estrutura só estará em equilíbrio se todos esses movimentos forem restringidos, de forma que o meio exterior possa reagir à tendência de movimento imposta pelo carregamento.

As restrições aos movimentos recebem o nome de *vínculos* ou, mais comumente, *apoios*.

Reações de apoio 2

2.1 Apoio (ou vínculo)

É tudo aquilo que restringe um ou mais movimentos da estrutura, despertando reações nessas direções. Compõe, junto com as ações, um sistema em equilíbrio, isto é, regido pelas equações universais da estática.

A classificação dos apoios é feita em função do número de graus de liberdade restringidos. Para o caso mais geral, de estruturas no espaço, um único vínculo pode impedir de um a seis movimentos. A Fig. 2.1 ilustra as duas situações extremas. Vale frisar que a função de restringir todos os movimentos possíveis à estrutura, garantindo a estabilidade mínima necessária, cabe ao *conjunto* de vínculos, não necessariamente a um único. O vínculo capaz de impedir todos os movimentos é denominado *engaste* (Fig. 2.1B).

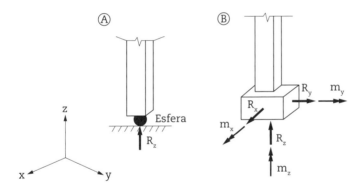

Fig. 2.1 *Exemplos de apoios no espaço: (A) apoio de primeira espécie e (B) apoio de sexta espécie (ou engaste)*

No caso de estruturas planas carregadas no próprio plano, existem três graus de liberdade a restringir, quais sejam: as translações no plano (consideradas nas duas direções perpendiculares X e Y) e a rotação em torno do eixo perpendicular ao plano, ou eixo Z (Fig. 2.2).

Dessa forma, em função dos três graus de liberdade possíveis para uma estrutura plana carregada no próprio plano, seus apoios podem ser designados como de primeira, segunda ou terceira espécie, conforme o número de movimentos impedidos por cada

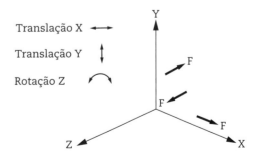

Fig. 2.2 *Graus de liberdade para uma estrutura plana carregada no próprio plano*

um deles. As Figs. 2.3 a 2.5 ilustram os vínculos possíveis, bem como suas formas usuais de representação gráfica.

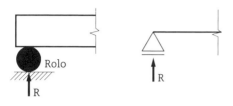

Fig. 2.3 *Representação usual de vínculo de primeira espécie (ou apoio simples)*

A idealização dos vínculos busca reproduzir, da forma mais fiel possível, a ligação entre elementos, ou entre eles e o meio exterior. Com esse objetivo pode-se, de maneira simplificada, considerar um elemento como engastado ou apoiado em outro elemento em função da rigidez relativa entre ambos (Fig. 2.6).

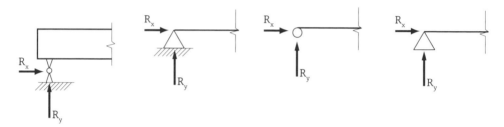

Fig. 2.4 *Representações usuais de vínculos de segunda espécie (ou apoio duplo, ou rótula)*

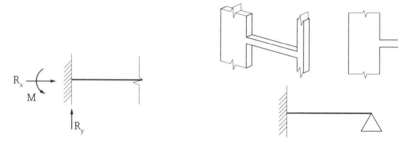

Fig. 2.5 *Representação usual de vínculo de terceira espécie (ou engaste)*

Fig. 2.6 *Ligação entre viga e pilares: simplificação do comportamento da união*

2.2 Determinação das reações de apoio

As reações de apoio resultam da trajetória das ações para o meio exterior. Sua determinação é feita com o emprego das equações de equilíbrio (equações universais da estática). Cabe destacar que, se um ponto da estrutura estiver em equilíbrio, todos os demais pontos também estarão. Essa condição permite, como se verá, não apenas a determinação das reações, mas também a verificação dos valores calculados para essas reações.

É importante enfatizar que, para a aplicação das equações de equilíbrio, forças ou momentos que atuam num mesmo sentido devem ser computados com mesmo sinal. É usual que, durante o somatório, se considerem como sentidos positivos aqueles coincidentes com os sentidos positivos dos eixos coordenados. Para estruturas planas carregadas no próprio plano, a Fig. 2.7 apresenta os sentidos correspondentes (a convenção ilustrada é conhecida como *convenção de Grinter* e é empregada em todos os exemplos deste livro).

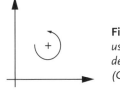

Fig. 2.7 *Convenção usual para o equilíbrio de forças e momentos (Grinter)*

Exemplo 2.1

Determinar as reações de apoio para a viga da Fig. 2.8.

Em função do carregamento aplicado à estrutura, os movimentos possíveis, ou graus de liberdade, consistem unicamente na translação no plano da estrutura e na rotação em torno do eixo perpendicular a esse plano. Designando o plano da estrutura por XY (sendo X a direção horizontal e Y a vertical), têm-se como movimentos a restringir a translação na direção X, a translação na direção Y e a rotação em torno do eixo perpendicular Z. Consequentemente, três condições (equações) de equilíbrio devem ser satisfeitas: somatório de forças nulo na direção X, somatório de forças nulo na direção Y e somatório de momentos nulo com relação ao eixo Z. Ou seja: $\sum X = 0$, $\sum Y = 0$ e $\sum M_z = 0$.

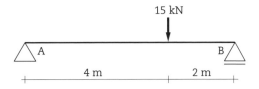

Fig. 2.8 *Viga com carregamento aplicado*

Conforme a convenção apresentada, o apoio duplo no nó A impede a translação desse ponto, despertando reações nas direções X e Y. Pela mesma convenção, o apoio simples impede apenas a translação vertical da estrutura no nó B (direção Y), despertando, portanto, uma terceira reação. Designando as reações verticais pela letra V, e a horizontal como H, têm-se, na Fig. 2.9, as três reações de apoio com os sentidos inicialmente arbitrados.

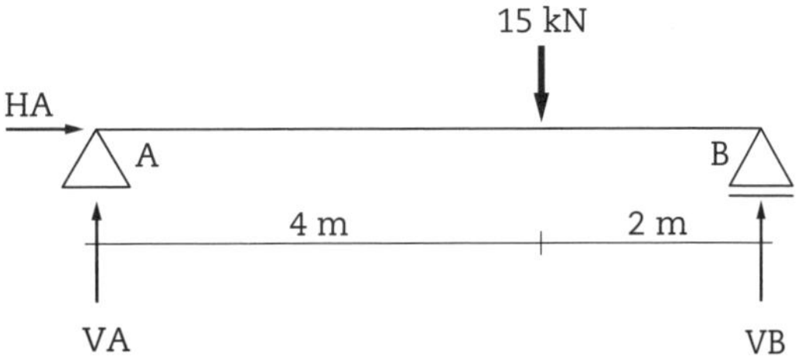

Como a disposição dos vínculos é capaz de impedir todos os movimentos possíveis e o número de equações e de incógnitas é o mesmo, tem-se um sistema determinado, e as reações de apoio podem ser obtidas pela aplicação das equações de equilíbrio de forma sequencial.

Fig. 2.9 *Sentidos arbitrados para as reações de apoio*

Por exemplo, iniciando por $\sum X = 0$, tem-se:

$$\sum X = 0 \Rightarrow HA = 0$$

Fazendo $\sum M_A = 0$ e adotando a convenção de Grinter, obtém-se:

$$\sum M_A = 0 \Rightarrow VB \cdot 6 - 15 \cdot 4 = 0 \Rightarrow VB \cdot 6 = 60 \Rightarrow VB = 10$$

Finalmente, empregando a condição de somatório de forças verticais nulo ($\sum Y = 0$):

$$\sum Y = 0 \Rightarrow VA + VB - 15 = 0 \Rightarrow VA + 10 - 15 = 0 \Rightarrow VA = 15 - 10 \Rightarrow VA = 5$$

Dessa forma:

$$HA = 0$$

$$VA = 5 \text{ kN}$$

$$VB = 10 \text{ kN}$$

É importante observar que todos os valores foram obtidos com sinal positivo, indicando que os sentidos correspondentes foram corretamente arbitrados. Um resultado negativo significa que o sentido correto da reação é o sentido oposto.

As reações de apoio com seus sentidos definitivos estão ilustradas na Fig. 2.10.

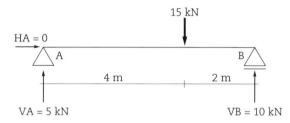

Fig. 2.10 Reações de apoio

Nessa figura, observa-se que a coerência dos resultados obtidos pode ser inferida, pois: como a estrutura não está submetida a ações horizontais, não há possibilidade de movimento nessa direção e, portanto, a reação correspondente é nula; como as reações verticais indicam a forma como a ação se transmite ao meio exterior, uma parcela maior da carga é transmitida ao apoio mais próximo dessa carga.

Lembrando que a condição $\sum M = 0$ é válida para qualquer um dos pontos da estrutura, essa equação pode ser aplicada na verificação dos resultados obtidos. Assim, por exemplo, com relação ao ponto B:

$$\sum M_B = 0 \Rightarrow -VA \cdot 6 + 15 \cdot 2 = 0 \Rightarrow -5 \cdot 6 + 30 = 0 \Rightarrow -30 + 30 = 0 \Rightarrow 0 = 0$$

Como a igualdade dos dois termos foi satisfeita, verifica-se que o resultado obtido está correto.

2.3 Classificação das estruturas quanto à estaticidade

No exemplo anterior, o número de reações de apoio (incógnitas do problema) era igual ao número de condições de equilíbrio (equações), o que conduziu à resolução de um sistema determinado. No entanto, nem sempre essa relação será observada. Assim, a determinação das reações de apoio em uma estrutura deve ser precedida pela classificação desta com relação à quantidade e à disposição dos vínculos, ou, em outras

2.3.1 Estrutura hipostática

> Número de reações de apoio < número de equações de equilíbrio

Há menos vínculos que o necessário, existindo, portanto, movimentos possíveis da estrutura. Se houver equilíbrio, ele será instável. A Fig. 2.11 apresenta alguns exemplos de estruturas hipostáticas.

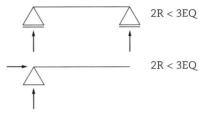

Fig. 2.11 Exemplos de estruturas hipostáticas

2.3.2 Estrutura isostática

> Número de reações = número de equações de equilíbrio

Os vínculos estão dispostos em número suficiente e *de tal forma* que todos os movimentos estão restringidos (Fig. 2.12). O equilíbrio é estável.

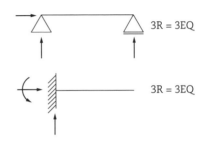

Fig. 2.12 Exemplos de estruturas isostáticas

2.3.3 Estrutura hiperestática

> Número de reações > número de equações de equilíbrio

A estrutura possui vínculos em maior número que o estritamente necessário para impedir todos os movimentos possíveis. O equilíbrio é dito *mais que estável*. A Fig. 2.13 ilustra algumas estruturas hiperestáticas. O grau hiperestático (*gh*) de cada estrutura indica quantas reações ela possui além do número de equações de equilíbrio. Essas reações

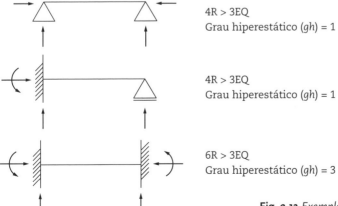

Fig. 2.13 Exemplos de estruturas hiperestáticas

adicionais devem ser determinadas pela imposição de condições relativas à deformabilidade da estrutura, gerando as chamadas *equações de compatibilidade de deslocamentos*.

Cabe observar que, nas estruturas hipostáticas, a relação entre número de reações e número de equações (R-EQ) é condição *suficiente* para que se defina a estaticidade, ao passo que, para as estruturas isostáticas e hiperestáticas, essa relação aponta apenas uma condição *necessária*. A classificação da estrutura implica também o estudo da disposição dos vínculos, os quais devem garantir que todos os movimentos sejam efetivamente impedidos. Por exemplo, nas estruturas da Fig. 2.14, apesar de o número de vínculos ser igual ou superior ao necessário, não existe restrição ao movimento horizontal. Logo, ambas são hipostáticas, pois o equilíbrio é instável.

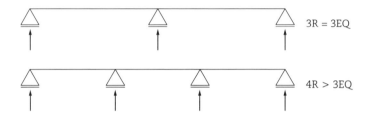

Fig. 2.14 *Estruturas hipostáticas (equilíbrio instável)*

A presente obra, por objetivar um estudo introdutório à análise estrutural, aborda exclusivamente estruturas isostáticas. A análise de estruturas hiperestáticas constitui objeto de estudo posterior. Por enquanto, é importante salientar que as estruturas hiperestáticas se distinguem das isostáticas não apenas pelo mero aspecto matemático, mas principalmente pela forma como se comportam frente às ações.

2.4 Exercícios propostos

Determinar as reações de apoio para as estruturas a seguir.

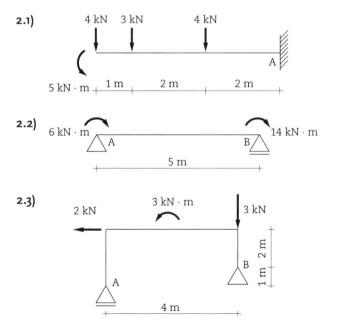

Ações nas estruturas 3

A análise estrutural consiste essencialmente no estudo do comportamento das estruturas quando submetidas às mais diversas ações que poderão incidir sobre elas ao longo de toda a vida útil. Dessa forma, o êxito nesse estudo está diretamente vinculado ao perfeito conhecimento de cada uma das possíveis ações, tanto no que diz respeito à intensidade como à forma de atuação e distribuição. Assim, ainda que não constitua diretamente um dos objetivos do presente estudo, é apresentada neste capítulo uma breve classificação das ações, exemplificando como os valores mínimos dessas ações podem ser obtidos.

3.1 Classificação das ações

Quanto à *frequência*, as ações podem ser classificadas como *estáticas* ou *dinâmicas*. Apesar de grande parte das ações ser de natureza dinâmica, elas podem ser consideradas como estáticas quando a variação em sua intensidade for suficientemente lenta ao longo do tempo.

Assim como um pêndulo (Fig. 3.1A), toda estrutura possui uma frequência própria de vibração, também chamada de *frequência natural*, a qual é função de sua rigidez (K) e de sua massa (m).

Considerando, por exemplo, uma edificação submetida à ação do vento (Fig. 3.1B), tem-se que, caso a frequência natural da estrutura esteja muito afastada da frequência de excitação (valores muito diferentes), a ação dinâmica do vento pode ser substituída por uma ação estática equivalente. A vibração nas estruturas passou a ser mais facilmente percebida na medida em que o aumento da resistência dos materiais proporcionou uma maior esbeltez dos elementos. Assim, ainda que a ação seja considerada como estática, é interessante que se verifique o quanto essas vibrações podem ser perceptíveis, para que esse efeito possa ser minimizado.

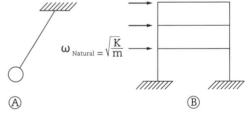

Fig. 3.1 *Frequência natural de vibração*

Quanto à *duração*, as ações podem ser classificadas como *permanentes*, *variáveis* ou *excepcionais*.

- Ações *permanentes*: ocorrem com valores constantes ou com pequena variação em torno de sua média, ou seja, a intensidade sofre pouca variação ao longo da vida útil da estrutura. Exemplos: peso próprio, peso de revestimentos, de divisórias fixas etc.

- *Ações variáveis (também conhecidas como cargas acidentais)*: são aquelas para as quais a intensidade apresenta variação significativa em torno de sua média. Exemplos: ação de pessoas, peso de móveis, ação do vento etc.
- *Ações excepcionais*: possuem duração muito curta e probabilidade de ocorrência muito baixa, mas devem ser consideradas nos projetos de determinadas estruturas. É o caso de explosões, choques de veículos, incêndios, sismos etc.

Classificações adicionais para as ações também podem ser consideradas, tais como *ações móveis* (aquelas que se deslocam relativamente à estrutura, como veículos em pontes e viadutos) ou *ações variáveis especiais* (com duração muito pequena, tendo período de atuação e valores bem definidos e controlados, sendo utilizadas em verificações específicas, como a passagem de um veículo sobre uma parte da estrutura).

3.2 Determinação dos valores das ações

As ações empregadas nas estruturas usuais podem ser estimadas com suficiente precisão com o auxílio de normas técnicas específicas. Para estruturas especiais, tais como plataformas de exploração de petróleo, é praxe a confecção de modelos em escala reduzida, os quais são ensaiados para um estudo mais preciso de seu comportamento frente às ações. Também é recomendável a análise de modelos reduzidos em túneis de vento (Fig. 3.2), quando se tratar de estrutura de formato pouco usual. Algumas ações específicas, como pesos de perfis metálicos, telhas e divisórias, podem ser obtidas diretamente de catálogos do fabricante.

Na sequência, ilustra-se a obtenção de alguns valores de ações mais comuns.

Fig. 3.2 *Ensaio de modelo reduzido em túnel de vento*
Fonte: acervo do Prof. Mario José Paluch.

3.2.1 Determinação da ação do vento

É feita segundo a norma brasileira NBR 6123 (ABNT, 1988), atualmente em fase de revisão. A aplicação dessa norma parte da determinação da velocidade básica do vento (V_0), a qual consiste na velocidade de uma rajada de três segundos, a 10 m de altura e sobre um terreno plano e sem obstruções, que pode ser excedida, em média, uma vez a cada 50 anos. O valor da velocidade básica é fornecido pela norma, para todas as regiões do país, através de curvas chamadas de *isopletas* (Fig. 3.3). Observa-se que, por exemplo, para a região norte do Rio Grande do Sul, a velocidade básica é de cerca de 45 m/s (162 km/h).

No mapa da figura, os pontos correspondem às estações anemométricas (Fig. 3.4), nas quais é efetuada a medição da velocidade do vento para a elaboração das isopletas.

A partir da velocidade básica do vento, é determinada a velocidade característica V_k, através dos fatores estatísticos S_1, S_2 e S_3:

$$V_k = V_0 \cdot S_1 \cdot S_2 \cdot S_3 \quad (3.1)$$

Os fatores que permitem transformar a velocidade básica em velocidade característica consideram a influência da topografia (S_1), da rugosidade do terreno, das dimensões da edificação e de sua altura sobre o terreno (S_2) e do grau de segurança e vida útil requerida para a edificação (S_3).

A velocidade característica do vento é transformada em pressão dinâmica por meio da seguinte relação, obtida da mecânica dos fluidos:

$$q = \frac{V_k^2}{1,6} \text{ (em N/m}^2\text{)} \quad (3.2)$$

A determinação da força a ser considerada na análise levará em conta ainda outras particularidades, através de coeficientes relacionados à forma e à parte da edificação em estudo.

Cabe destacar que o vento, em determinadas estruturas, tais como edifícios altos, pavilhões industriais ou torres, é a ação predominante (Fig. 3.5).

3.2.2 Determinação das ações permanentes e das ações variáveis verticais

A norma brasileira NBR 6120 (ABNT, 2019) consiste numa versão substancialmente mais completa que sua edição anterior, de 1980. Essa norma estabelece valores mínimos das cargas a serem consideradas no

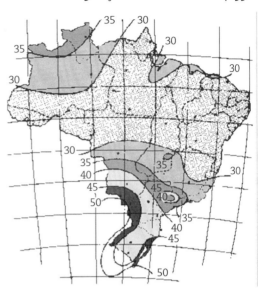

Fig. 3.3 *Velocidade básica do vento V_0 (em m/s) Fonte: ABNT (1988).*

Fig. 3.4 *Estação anemométrica da Universidade de Passo Fundo (anemômetro no detalhe)*

Fig. 3.5 *Queda de antena de rádio e televisão (de 93 m de altura) devida ao efeito do vento*

projeto de estruturas de edificações, excetuando-se ações previstas em normas específicas, como é o caso da ação do vento e, mais recentemente, dos sismos.

Como exemplo, apresentam-se na Tab. 3.1 pesos específicos de alguns materiais de construção.

Tab. 3.1 Peso específico de materiais de construção

Material	Peso específico aparente (kN/m³)
Concreto simples	24,0
Concreto armado	25,0
Lajotas cerâmicas	18,0
Pinho	6,0
Blocos cerâmicos furados	13,0
Mármore	28,0

Fonte: adaptado de ABNT (2019).

Tab. 3.2 Valores mínimos de cargas verticais

Local	Carga (kN/m²)
Edifícios residenciais (dormitórios)	1,5
Escolas (corredores e salas de aula)	3,0
Restaurantes (salão e corredores)	3,0
Bibliotecas (salas com estantes de livros)	6,0

Fonte: adaptado de ABNT (2019).

As cargas verticais que se consideram atuando nos pisos são supostas uniformemente distribuídas (por metro quadrado de piso). Alguns valores mínimos de cargas verticais constam na Tab. 3.2.

Ainda na mesma norma técnica podem ser encontrados o peso específico aparente e o ângulo de atrito interno de diversos materiais de armazenagem, como produtos agrícolas e materiais de construção, forças horizontais a aplicar em guarda-corpos de balcões, varandas, sacadas e terraços, ações a considerar durante a construção, entre outros.

3.2.3 Ações sísmicas

É interessante observar que, ao contrário do senso comum, há muito tempo existe registro da ocorrência de sismos com epicentro no território brasileiro. Em razão disso, desde o ano de 2006 a norma brasileira NBR 15421 (ABNT, 2006) determina os procedimentos para o projeto de estruturas resistentes aos sismos. Para a zona sísmica que engloba grande parte do país, e que inclui integralmente as regiões Sul e Sudeste, nenhum requisito sísmico é exigido.

3.3 Forma de distribuição das ações na estrutura

Quanto à forma de distribuição, as ações podem ser classificadas como *concentradas* ou *distribuídas*.

3.3.1 Carga concentrada

É a que se distribui em uma área muito reduzida relativamente à área do elemento. Nesse caso, considera-se a carga como concentrada no centro de gravidade da área de contato. A Fig. 3.6 mostra parte de uma estrutura composta por elementos unidimensionais. A decomposição dessa estrutura espacial em vigas e pilares isolados resulta, de forma simplificada, no esquema ilustrado para as vigas V_2 e V_3, para o qual tanto a ação (F_{V1}) como as reações (R) são consideradas concentradas.

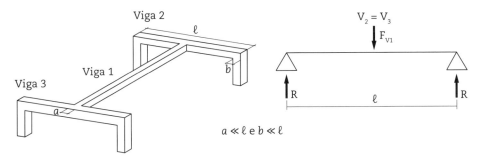

Fig. 3.6 *Cargas concentradas (exemplo): esquema estático correspondente às vigas V_2 e V_3*

3.3.2 Carga distribuída

É a que incide numa área com dimensões da mesma ordem de grandeza da estrutura ou do elemento em análise. Nesse caso, pode-se transformar a carga distribuída em uma carga concentrada equivalente, chamada de *resultante*. A resultante somente será equivalente à carga original se ambas provocarem a mesma tendência de translação e de rotação.

O valor da resultante é determinado como sendo igual à área compreendida entre a linha que define o carregamento e o eixo da barra (área da carga). Seu ponto de aplicação deve passar pelo centro de gravidade do carregamento.

Alguns exemplos de carga distribuída e de sua resultante são dados na Fig. 3.7. Cargas de variação linear ou uniformemente distribuídas, como as mostradas nessa figura, reproduzem a pressão de um líquido sobre as paredes e o fundo de um reservatório, respectivamente.

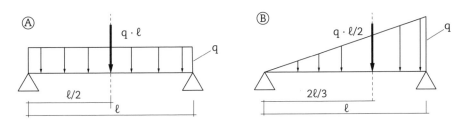

Fig. 3.7 *Exemplos de cargas distribuídas e suas resultantes: (A) carga uniformemente distribuída e (B) carga triangular*

Adicionalmente, a Fig. 3.8 ilustra a composição das cargas para uma sacada, de acordo com prescrições normativas. Além do carregamento uniforme distribuído ao longo da sacada, devem ser aplicadas ao longo do parapeito uma carga horizontal P_1 e uma carga vertical mínima P_2. Ao se considerar o peitoril como um elemento sem função estrutural, deve-se substituí-lo por seus efeitos sobre a estrutura, na forma de forças e momentos concentrados.

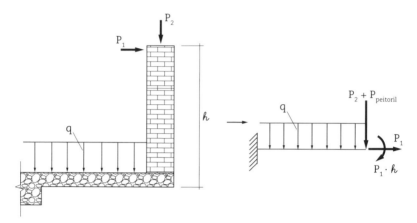

Fig. 3.8 *Composição do carregamento para uma sacada*

3.4 Exercícios propostos

Determinar as reações de apoio para as estruturas a seguir.

3.1)

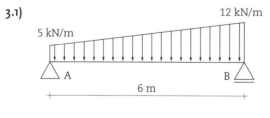

3.2)

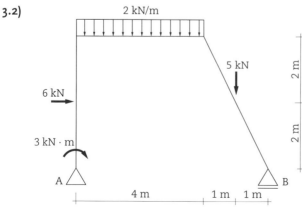

3.3)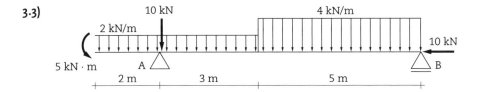

3.4)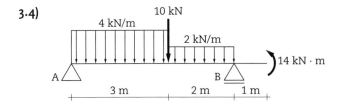

3.5)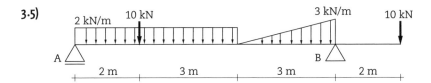

Esforços solicitantes 4

4.1 Conceitos fundamentais

Para o cálculo de reações de apoio (equilíbrio das forças externas) descrito no Cap. 2, não foi considerada a capacidade de resistência dos elementos, ou seja, partiu-se do pressuposto de que a estrutura efetivamente possuía capacidade de transmitir as ações ao meio exterior. O objetivo da análise da estrutura consiste justamente em permitir o dimensionamento dos elementos para propiciar essa transmissão.

Supondo-se já atingido o equilíbrio, este não se dará imediatamente e ocorrerá numa configuração diferente da inicial, já que os corpos são deformáveis (Fig. 4.1).

Partindo do princípio de que a deformação da estrutura será muito pequena, pode-se utilizar a configuração inicial na análise. Conforme será enfatizado no Cap. 7, essa deformação, efetivamente, deverá ser limitada com o objetivo de garantir a perfeita utilização da estrutura ao longo de toda a sua vida útil, evitando, entre outros efeitos, a ocorrência de danos aos elementos não estruturais (tais como fissuração das alvenarias) e a sensação de insegurança quanto à estabilidade da estrutura (decorrente de vibrações perceptíveis ou deslocamentos visíveis). No entanto, a própria hipótese de cálculo se baseia na suposição da efetiva existência de pequenas deformações. No chamado *campo das pequenas deformações*, no qual se pode assumir a configuração inicial indeformada, é possível a aplicação da superposição de efeitos (Fig. 4.2).

Na Fig. 4.2, pode-se observar que as reações produzidas em oposição a cada uma das ações, consideradas de forma isolada, são idênticas às que resultam da aplicação das ações simultaneamente, uma vez que cada ação é aplicada sobre o eixo indeformado. Adicionalmente, verifica-se uma relação direta de proporcionalidade entre causa e efeito (ação e reação).

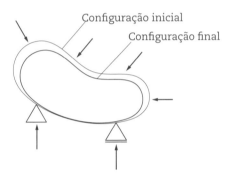

Fig. 4.1 *Corpo deformável: configurações inicial e de equilíbrio*

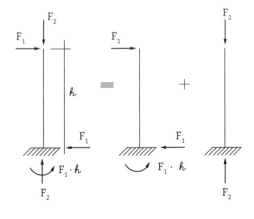

Fig. 4.2 *Pequenas deformações (superposição de efeitos)*

Caso a deformação não possa ser considerada pequena (Fig. 4.3), já não é verificada a igualdade descrita, pois o momento na base é ampliado em razão da excentricidade e. Cabe destacar que a sequência de aplicação do carregamento também é determinante para o efeito final.

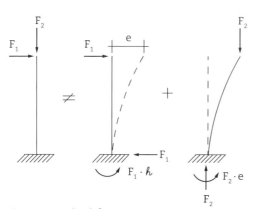

Fig. 4.3 *Grandes deformações*

É importante ainda salientar que, uma vez analisada a estrutura e efetuado seu dimensionamento, a hipótese inicial de que os deslocamentos são pequenos deve ser efetivamente verificada. Caso não sejam pequenos, pode-se tanto enrijecer a estrutura para reduzi-los como efetuar uma análise considerando o comportamento decorrente dos grandes deslocamentos (não linearidade geométrica).

4.1.1 Efeitos de um sistema de forças em cada seção

Dada uma estrutura qualquer em equilíbrio, pode-se imaginar uma seção transversal à maior dimensão do elemento e que separe essa estrutura em duas partes (Fig. 4.4). Para preservar o equilíbrio de uma das partes da estrutura, deve-se aplicar a ela um sistema de forças equivalente ao da parte desconsiderada. Esse sistema é obtido reduzindo-se as forças a um ponto da seção.

As resultantes de m e F de uma parte possuem mesmo módulo, mesma direção e sentidos opostos em relação às resultantes da outra parte, já que cada seção está em equilíbrio. Portanto:

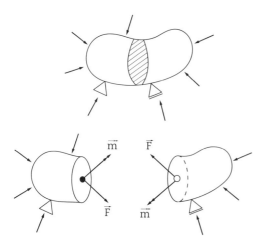

Fig. 4.4 *Estrutura em equilíbrio e resultantes na seção de corte*

$$\sum \vec{F} = 0 \text{ e } \sum \vec{m} = 0 \qquad (4.1)$$

4.1.2 Decomposição de m e F

Por simplicidade não se trabalha com os vetores originais no espaço, mas sim com componentes relacionadas ao sistema triortogonal de eixos XYZ, no qual: X = eixo normal (perpendicular) à seção de corte, passando por seu centro de gravidade; Y e Z = eixos contidos na seção transversal.

Dessa forma, a força e o momento podem ser decompostos em cada uma das direções e representados segundo a Fig. 4.5.

4.1.3 Efeito de cada componente

Considerando um trecho de uma estrutura em equilíbrio, limitado por duas seções S e S', afastadas de uma distância infinitesimal ds (Fig. 4.6), e destacando esse trecho do restante da estrutura, tem-se como determinar o efeito exercido por cada componente de força ou de momento.

Cada componente de força interna é chamada de esforço ou solicitação e está associada à deformação do trecho da estrutura. Como hipótese, é suposto que a seção, originalmente plana, permanece plana após a deformação.

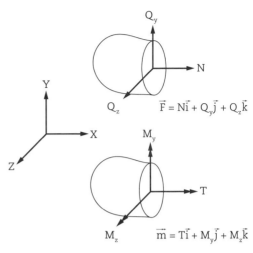

Fig. 4.5 *Componentes de força e de momento*

- N *(esforço normal)*: tende a promover a variação na distância entre duas seções paralelas entre si, mantendo-as paralelas (Fig. 4.7). É também conhecido como esforço *axial*, já que as forças atuam na direção do eixo do elemento (e, portanto, *normal* à seção transversal).

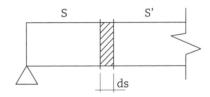

Fig. 4.6 *Trecho destacado de uma estrutura em equilíbrio*

- Quando as seções tendem a se afastar, diz-se que o trecho está *tracionado* e convenciona-se o esforço normal como positivo. Em caso de aproximação das seções, o trecho estará *comprimido* (esforço normal negativo).

- Q *(esforço cortante)*: tende a fazer uma seção deslizar em relação à outra. É também conhecido como esforço *cisalhante*. A Fig. 4.8 representa a convenção usual para o sentido positivo do esforço cortante, na qual o binário formado pelas componentes de Q gira no sentido horário.

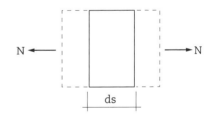

Fig. 4.7 *Esforço normal*

- M *(momento fletor)*: tende a provocar a rotação da seção em torno de um eixo situado em seu próprio plano, produzindo forças de tração (alongamento) em uma face e de compressão (encurtamento) na face oposta. Na Fig. 4.9, é representado um momento fletor positivo, segundo a convenção usual, na qual a face tracionada é a inferior.

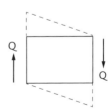

Fig. 4.8 *Esforço cortante*

- T *(momento torsor)*: tende a promover a rotação relativa entre duas seções em torno de

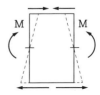

Fig. 4.9 *Momento fletor*

um eixo que lhes é perpendicular. Segundo a convenção usualmente empregada, o momento torsor é positivo quando o efeito é o ilustrado na Fig. 4.10 (lembrar que os vetores estão representados segundo a regra da mão direita).

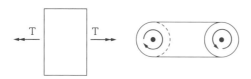

Fig. 4.10 *Momento torsor*

Fig. 4.11 *Sentidos positivos dos esforços (convenção)*

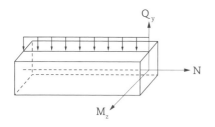

Fig. 4.12 *Esforços em estrutura plana com carregamento atuando no mesmo plano*

Efetuando a superposição dos esforços, tem-se a convenção de sinais para os sentidos positivos (Fig. 4.11). Nessa convenção, o tracejado representa a face inferior do elemento que contém a seção em estudo.

Ainda com relação à Fig. 4.11, deve-se lembrar que, no caso de estrutura espacial, mais uma componente de momento fletor e mais uma de esforço cortante devem se somar à convenção. O número de esforços possíveis é coincidente com o número de graus de liberdade do modelo adotado. Assim, para o caso particular de estruturas planas carregadas no próprio plano, têm-se apenas três graus de liberdade e, portanto, três solicitações. Sendo o plano da estrutura e das ações designado por XY, essas solicitações são N, Q_y, M_z (Fig. 4.12).

Como surgem apenas esforços cortantes numa única direção, bem como momentos fletores em torno de um único eixo, as componentes correspondentes Q_y e M_z são designadas simplesmente como Q e M.

A partir dos conceitos vistos, podem-se determinar os esforços solicitantes em uma seção qualquer de uma estrutura. Para que a estrutura consiga efetuar a transmissão das ações para o meio exterior, é necessário que suas seções sejam dimensionadas para que resistam aos esforços que as solicitam.

Exemplo 4.1

Determinar, para a viga da Fig. 4.13, os esforços na seção S indicada.

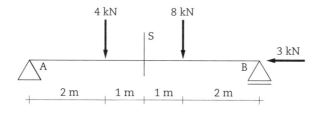

Fig. 4.13 *Viga com carregamentos e seção S*

1º passo: verificação da estaticidade
- Reações possíveis: HA, VA e VB (Fig. 4.14).
- Equações de equilíbrio: $\sum X = 0$, $\sum Y = 0$ e $\sum M_z = 0$.

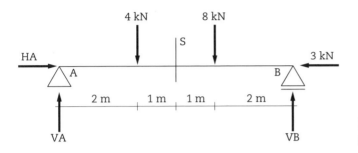

Fig. 4.14 *Sentidos arbitrados para as reações de apoio*

Como se têm três incógnitas (reações HA, VA e VB) para três equações ($\sum X = 0$, $\sum Y = 0$ e $\sum M_z = 0$), a condição necessária para a estrutura ser considerada isostática (equilíbrio estável) está satisfeita, ou seja, o número de reações é igual ao número de equações. Verificando, então, a disposição dos vínculos, observa-se que todos os movimentos possíveis estão efetivamente impedidos, isto é, trata-se de uma estrutura isostática. Logo, a estrutura possui a vinculação mínima necessária ao equilíbrio. Adicionalmente, a análise, consistindo na determinação das reações de apoio e dos esforços seccionais, pode ser efetuada apenas com o conceito de equilíbrio.

2º passo: determinação das reações de apoio
Uma vez arbitrados os sentidos para as reações, chega-se, com o emprego das equações de equilíbrio, a:

$$\sum X = 0 \Rightarrow HA - 3 = 0 \Rightarrow HA = 3 \text{ kN}$$

$$\sum M_A = 0 \Rightarrow VB \cdot 6 - 8 \cdot 4 - 4 \cdot 2 = 0 \Rightarrow VB \cdot 6 = 40 \Rightarrow VB \cong 6,7 \text{ kN}$$

$$\sum M_B = 0 \Rightarrow -VA \cdot 6 + 4 \cdot 4 + 8 \cdot 2 = 0 \Rightarrow -VA \cdot 6 = -32 \Rightarrow VA \cong 5,3 \text{ kN}$$

Em todos esses valores, o sinal positivo indica que os sentidos foram corretamente arbitrados. Efetuando a verificação das reações obtidas:

$$\sum Y = 0 \Rightarrow VA + VB - 4 - 8 = 0 \Rightarrow 5,3 + 6,7 - 4 - 8 = 0 \Rightarrow 0 = 0$$

Substituindo as incógnitas VA, HA e VB pelos valores e sentidos determinados, tem-se uma estrutura submetida a um sistema de forças conhecidas, as quais geram deformações e, consequentemente, esforços nas seções do elemento (Fig. 4.15).

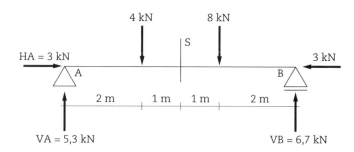

Fig. 4.15 *Reações de apoio*

3º passo: determinação dos esforços na seção S

Lembrando que os efeitos que uma parte da estrutura provoca sobre a outra são de mesma intensidade, pode-se, para o cálculo dos esforços, observar a estrutura tanto à direita como à esquerda da seção. Se for considerada a estrutura à esquerda de S, a parte da direita deverá ser substituída por seus efeitos, considerados com a convenção correspondente (Fig. 4.16).

A partir do equilíbrio de forças horizontais ($\sum X = 0$), pode-se obter o esforço normal:

$$\sum X = 0 \Rightarrow N + 3 = 0 \Rightarrow N = -3 \text{ kN}$$

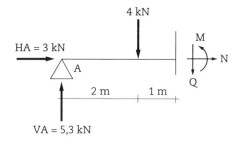

Fig. 4.16 *Esforços na seção S (estrutura à esquerda da seção)*

Com o equilíbrio na vertical ($\sum Y = 0$), obtém-se o esforço cortante:

$$\sum Y = 0 \Rightarrow -Q - 4 + 5,3 = 0 \Rightarrow Q = 1,3 \text{ kN}$$

Considerando-se ainda $\sum M_S = 0$, calcula-se o momento na seção:

$$\sum M_S = 0 \Rightarrow M - 5,3 \cdot 3 + 4 \cdot 1 = 0 \Rightarrow M = 11,9 \cong 12 \text{ kNm}$$

Caso se escolhesse, alternativamente, a estrutura à direita de S, seriam obtidos os mesmos resultados (Fig. 4.17):

$$\sum X = 0 \Rightarrow -N - 3 = 0 \Rightarrow N = -3 \text{ kN}$$

$$\sum Y = 0 \Rightarrow Q + 6,7 - 8 = 0 \Rightarrow Q = 1,3 \text{ kN}$$

$$\sum M_S = 0 \Rightarrow -M - 8 \cdot 1 + 6,7 \cdot 3 = 0$$
$$\Rightarrow M = 12,1 \cong 12 \text{ kNm}$$

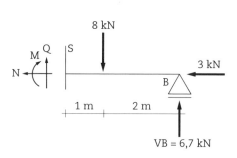

Fig. 4.17 *Esforços na seção S (estrutura à direita da seção)*

Cabe destacar que uma pequena diferença como a obtida em relação aos momentos fletores para as forças à esquerda ou à direita da seção deve-se exclusivamente ao arredondamento e/ou truncamento efetuados, bem como ao número de casas decimais adotado. Diferenças dessa ordem possuem pouca ou nenhuma importância prática, dada a natureza probabilística das ações.

4.1.4 Diagramas de esforços (linhas de estado)

Para que a estrutura resista às ações a que estiver submetida, é imprescindível que a capacidade resistente de nenhuma seção seja superada. Assim, é necessário o conhecimento dos esforços não apenas em algumas seções. Ao invés disso, deve-se efetuar a determinação, para cada tipo de solicitação, da forma como esta varia ao longo da estrutura, bem como do maior valor do esforço e do ponto onde este ocorre. Com esse objetivo e visando ao correto dimensionamento da estrutura, é efetuado o traçado dos diagramas de esforços.

Os diagramas de esforços solicitantes, também chamados de *linhas de estado*, representam a variação de uma determinada solicitação ao longo da estrutura.

É efetuado o traçado de um diagrama específico para cada esforço. Para isso, cada valor calculado é marcado a partir de uma linha representativa do eixo de cada elemento. Esses valores de esforços são desenhados perpendicularmente à linha, com efeitos positivos e negativos representados de lados opostos do eixo, segundo a convenção da Fig. 4.18.

Particularmente com relação à convenção usual para traçado de diagrama de momentos fletores, é importante destacar que os valores traçados estarão sempre representados na face *tracionada* do elemento. Assim, por exemplo, para elementos de concreto armado, nos quais a função de resistir aos esforços de tração é atribuída essencialmente ao aço, é direta a correspondência entre a posição da armadura longitudinal e o diagrama de momentos fletores, como se pode observar na Fig. 4.19, para uma viga com um trecho em balanço e submetida a um carregamento uniformemente distribuído. De forma análoga, a quantidade de aço a ser disposta no sentido longitudinal em cada seção é proporcional ao momento fletor nesse ponto.

Cabe mencionar que a situação ilustrada na Fig. 4.19 consiste numa simplificação, na qual não foram consideradas, entre outras, as armaduras de cisalhamento, as ancoragens e as armaduras construtivas. A ideia, no caso, é puramente a de enfatizar que, sem

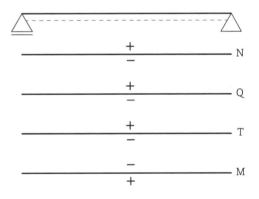

Fig. 4.18 *Convenção de sinais para o traçado*

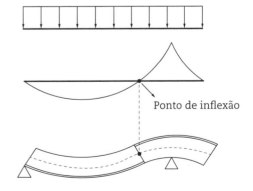

Fig. 4.19 *Viga de concreto armado (simplificação): correspondência entre momento fletor e disposição da armadura longitudinal*

o conhecimento dos esforços desenvolvidos ao longo de uma estrutura, não é possível efetuar seu correto dimensionamento.

Com relação ao esforço cortante, as armaduras correspondentes (chamadas de *estribos*) são dispostas na direção transversal ao eixo do elemento.

Uma vez que a conceituação básica relativa à análise estrutural já foi apresentada, é possível a visualização mais clara do objetivo desse estudo e de como ele se insere no chamado *cálculo* estrutural. O leitor interessado pode, a qualquer momento, acompanhar no apêndice deste livro uma breve descrição das etapas envolvidas no cálculo de uma estrutura convencional, no qual se exemplifica também a forma de composição do carregamento.

4.2 Determinação dos esforços para o traçado dos diagramas – método das equações

Para a obtenção das informações necessárias ao traçado dos diagramas, uma forma bastante direta e eficiente consiste na determinação de equações que representem a variação dos esforços ao longo da estrutura.

Esse procedimento, conhecido como *método das equações*, pode ser descrito pelas seguintes etapas:
1) verificar a estaticidade;
2) calcular as reações de apoio;
3) separar a estrutura em trechos característicos, limitados por mudança na distribuição do carregamento ou incidência de carga concentrada (força ou momento);
4) calcular as equações de variação dos esforços para cada trecho, usando as equações de equilíbrio estático e a convenção de sinais;
5) traçar os diagramas de variação dos esforços (linhas de estado), marcando os valores perpendicularmente ao eixo do elemento.

O método trabalha com seções variáveis ao longo da estrutura, sendo que uma única seção em cada trecho é capaz de representar qualquer das infinitas seções desse mesmo trecho.

Exemplo 4.2

Determinar os esforços e traçar os diagramas correspondentes para a viga apresentada na Fig. 4.20.

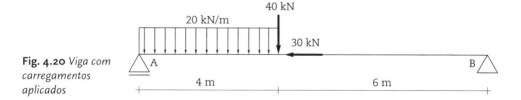

Fig. 4.20 *Viga com carregamentos aplicados*

Verificação da estaticidade
- Número de reações possíveis (VA, VB e HB): 3 (Fig. 4.21).

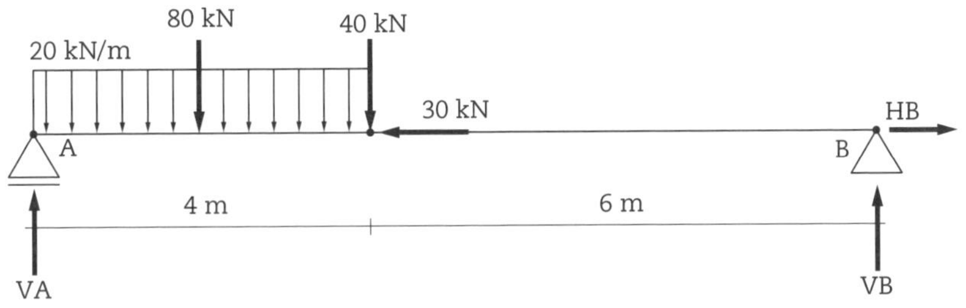

4 Esforços solicitantes | 47

Fig. 4.21 *Sentidos arbitrados para as reações de apoio*

- Número de equações a serem satisfeitas ($\sum X = 0$, $\sum Y = 0$ e $\sum M_z = 0$): 3.

Tem-se então:
- Condição necessária atendida (número de reações = número de equações).
- Condição suficiente atendida (disposição dos vínculos impede todos os movimentos possíveis). Logo, trata-se de estrutura isostática.

Determinação das reações de apoio

$$\sum X = 0 \Rightarrow HB - 30 = 0 \Rightarrow HB = 30 \text{ kN}$$

$$\sum M_A = 0 \Rightarrow VB \cdot 10 - 40 \cdot 4 - 80 \cdot 2 = 0 \Rightarrow VB \cdot 10 = 320 \Rightarrow VB = 32 \text{ kN}$$

$$\sum Y = 0 \Rightarrow VA + VB - 80 - 40 = 0 \Rightarrow VA + 32 - 120 = 0 \Rightarrow VA = 88 \text{ kN}$$

Verificação:

$$\sum M_B = 0 \Rightarrow -88 \cdot 10 + 80 \cdot 8 + 40 \cdot 6 = 0 \Rightarrow 0 = 0 \text{ (OK)}$$

Essas reações de apoio podem ser vistas na Fig. 4.22.

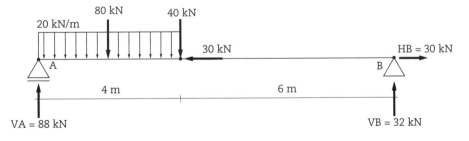

Fig. 4.22 *Reações de apoio*

Determinação dos esforços

Para o cálculo dos esforços, deve-se dividir a estrutura em trechos, conforme a mudança na intensidade do carregamento ou a existência de carga concentrada. Dessa forma, a estrutura do exemplo é composta de dois trechos. Considerando a origem do eixo x no ponto A, têm-se:

$$1°\text{ trecho: } x \geq 0 \text{ e } x \leq 4\text{ m (ou } 0 \leq x \leq 4\text{ m)}$$

$$2°\text{ trecho: } x \geq 4 \text{ e } x \leq 10\text{ m (ou } 4\text{ m} \leq x \leq 10\text{ m)}$$

- 1° *trecho:* $0 \leq x \leq 4$ m

Ao considerar a estrutura à esquerda da seção (Fig. 4.23):

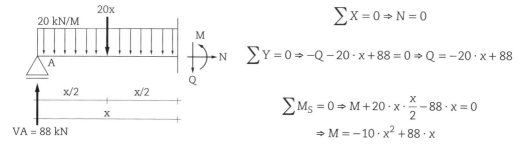

$$\sum X = 0 \Rightarrow N = 0$$

$$\sum Y = 0 \Rightarrow -Q - 20 \cdot x + 88 = 0 \Rightarrow Q = -20 \cdot x + 88$$

$$\sum M_S = 0 \Rightarrow M + 20 \cdot x \cdot \frac{x}{2} - 88 \cdot x = 0$$

$$\Rightarrow M = -10 \cdot x^2 + 88 \cdot x$$

Fig. 4.23 *Determinação dos esforços no primeiro trecho*

Com base nas equações obtidas, pode-se observar que o esforço normal é constante ao longo do trecho; a equação do cortante para o primeiro trecho representa uma equação do primeiro grau (variação linear); por fim, a equação do momento é parabólica (do segundo grau). Tendo-se as equações, é possível determinar os esforços para cada uma das seções contidas nesse trecho de estrutura, bastando substituir a distância da seção à origem pelo valor de x na equação correspondente.

No caso da equação do cortante:

$$x = 0 \Rightarrow Q = 88\text{ kN}$$

$$x = 4 \Rightarrow Q = 8\text{ kN}$$

Com esses dois valores, será possível traçar o diagrama, pois a equação é linear, e dois pontos definem uma reta.

Para a equação do momento:

$$x = 0 \Rightarrow M = 0$$

$$x = 4 \Rightarrow M = 192\text{ kNm}$$

Pelo fato de a equação ser de segundo grau, os dois pontos extremos do trecho não são o bastante para o traçado do diagrama (pois não se tem uma única parábola que inclua esses dois pontos), devendo-se calcular outro ponto auxiliar. Ao considerar, por exemplo, o ponto central do trecho, obtém-se:

$$x = 2 \Rightarrow M = 136\text{ kNm}$$

- *2º trecho:* 4 m ≤ x ≤ 10 m

Considerando a estrutura à esquerda da seção (Fig. 4.24):

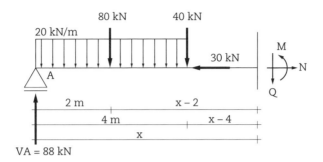

Fig. 4.24 *Determinação dos esforços no segundo trecho*

$$\sum X = 0 \Rightarrow N - 30 = 0 \Rightarrow N = 30 \text{ kN} \text{ (esforço constante)}$$

$$\sum Y = 0 \Rightarrow -Q - 40 - 80 + 88 = 0 \Rightarrow Q = -32 \text{ kN} \text{ (esforço constante)}$$

$$\sum M_S = 0 \Rightarrow M + 40 \cdot (x-4) + 80 \cdot (x-2) - 88 \cdot x = 0 \Rightarrow M = -32 \cdot x + 320$$
(variação linear)

$$x = 4 \Rightarrow M = 192 \text{ kNm}$$

$$x = 10 \Rightarrow M = 0$$

Traçado dos diagramas dos esforços

Com as informações obtidas das equações, o traçado dos diagramas pode ser efetuado, obedecendo-se, para isso, à convenção adicional e marcando-se os valores calculados perpendicularmente ao eixo do elemento (Fig. 4.25). Como já destacado, esses diagramas reúnem os dados necessários e suficientes para que as seções sejam dimensionadas, qualquer que seja o material estrutural a empregar.

O objetivo do restante deste livro consistirá em instrumentalizar o leitor para a obtenção dos esforços em estruturas analisadas segundo diferentes modelos, ficando o último capítulo destinado ao estudo de deslocamentos. Como a obtenção de diagramas pelo método apresentado torna-se demasiadamente exaustiva para aplicação a estruturas compostas por um número grande de elementos ou de trechos, serão estudadas diversas relações com o objetivo inicial de permitir a verificação da consistência dos resultados. De forma alternativa, será visto que essas mesmas relações facultarão o desenvolvimento de um procedimento mais direto a empregar nas análises.

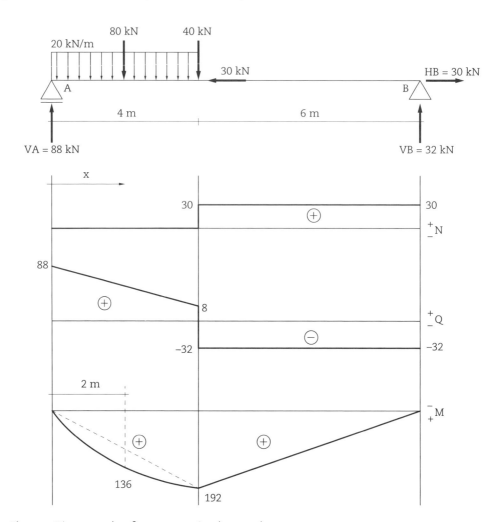

Fig. 4.25 *Diagramas de esforços para a viga do exemplo*

4.3 Relações diferenciais entre carga, esforço cortante e momento fletor

Observando a estrutura analisada, pode-se perceber a existência de relações diferenciais entre o momento fletor e o esforço cortante em cada trecho (a equação do cortante pode ser obtida da derivação da equação do momento com relação à variável x, que representa a posição da seção). Essa relação pode ser estendida a qualquer carregamento.

Considere-se, inicialmente, a estrutura da Fig. 4.26, submetida a carregamentos uniformemente distribuídos segundo as direções axial e transversal e da qual é isolado um trecho limitado pelas seções S e S'. As partes da estrutura à esquerda e à direita desse trecho devem ser substituídas pelos efeitos que provocam nas seções correspondentes. Como os esforços nas duas seções não serão necessariamente os mesmos, os esforços à direita foram acrescidos das variações dN, dQ e dM.

Aplicando as equações de equilíbrio, tem-se:

$$\sum x = 0 \Rightarrow -N + N + dN + qx \cdot dx = 0 \quad (4.2)$$

$$\frac{dN}{dx} = -qx \quad (4.3)$$

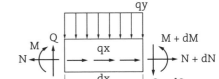

Como qx é muito pequeno em relação às cargas externas, pode ser desprezado. Assim, N é considerado constante, trocando de valor apenas em presença de uma carga axial concentrada.

$$\sum y = 0 \Rightarrow Q - (Q + dQ) - qy \cdot dx = 0 \quad (4.4)$$

Fig. 4.26 Estrutura genérica em equilíbrio

$$\frac{dQ}{dx} = -qy \Leftrightarrow Q = \int -qy \cdot dx \quad (4.5)$$

Ou seja, a variação do esforço cortante é função da parcela do carregamento transversal ao eixo do elemento.

$$\sum M_{S'} = 0 \Rightarrow -M + (M + dM) - Qdx + qy \cdot \frac{dx \cdot dx}{2} = 0 \quad (4.6)$$

Como a distância dx é pequena, o último termo da relação anterior também é pequeno em relação aos demais e pode ser desprezado, conduzindo a:

$$\frac{dM}{dx} = Q \Leftrightarrow M = \int Q \cdot dx \quad (4.7)$$

Essa relação indica que o momento fletor varia segundo o esforço cortante no trecho considerado e permite que se obtenham os valores de momento fletor a partir do conhecimento do cortante e vice-versa.

Tem-se então, das relações anteriores:

$$-qy = \frac{dQ}{dx} = \frac{d^2M}{dx^2} \quad (4.8)$$

As relações diferenciais entre carga, esforço cortante e momento fletor possibilitam a determinação de algumas regras práticas, as quais podem subsidiar a obtenção dos esforços (e o consequente traçado dos diagramas) de forma direta.

Lembrando que a derivada de uma função em um ponto indica a declividade nesse ponto, e que a integral definida de uma função em um trecho corresponde à área desse trecho, pode-se constatar que:

- como $\frac{dM}{dx} = Q$, o ponto de momento máximo no trecho coincide com o ponto de cortante nulo (ponto onde Q intercepta o eixo);

- como $M = \int Q \cdot dx$, o momento fletor em qualquer ponto da estrutura pode ser obtido pelo cálculo da área do diagrama do esforço cortante.

Ainda com base nas relações diferenciais e observando o grau dos polinômios do exemplo desenvolvido, nota-se que:
- Num trecho sem carregamento aplicado ($q = 0$), o esforço cortante não varia e o momento fletor é descrito por uma equação do primeiro grau (Q = constante e M = linear).
- Num trecho com carga uniformemente distribuída (q = constante), o cortante é descrito por uma equação do primeiro grau, e o momento fletor, por uma equação do segundo grau (Q = linear e M = parabólico, sendo que a parábola terá sempre sua concavidade relacionada ao sentido do carregamento – Fig. 4.27).

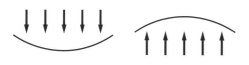

Fig. 4.27 *Relação entre o carregamento e o diagrama de momentos fletores*

- Pelas mesmas relações, num trecho com carga triangular (q = linear), o esforço cortante varia segundo uma equação do segundo grau, e o momento fletor, segundo uma equação do terceiro grau (Q = parabólico e M = cúbico, com concavidade no sentido do carregamento).

Observa-se ainda que uma força ou momento concentrados implicam uma descontinuidade apenas no diagrama correspondente. Assim:
- Uma força concentrada perpendicular ao eixo do elemento gera uma descontinuidade no diagrama do cortante, no valor da força e no sentido desta, de tal forma que $Q_{ESQ} \neq Q_{DIR}$. No diagrama de momentos não se verifica nenhuma descontinuidade, e sim um ponto anguloso (ou seja, $tg_{ESQ} \neq tg_{DIR}$).
- Um momento externo concentrado resulta em descontinuidade no diagrama de momentos, no valor do momento aplicado. O sentido dessa descontinuidade pode ser determinado por equilíbrio ou por analogia entre a estrutura deformada pelo momento e o diagrama correspondente (Fig. 4.28).

Fig. 4.28 *Relação entre momento concentrado (ação) e diagrama correspondente (esforço de flexão)*

Como última regra prática, tem-se que os valores dos esforços nas extremidades são iguais às cargas concentradas aplicadas nessas extremidades, com os sentidos desses esforços dados pelo quadro de convenções. Dessa forma, se as cargas tiverem sentido idêntico ao do quadro de convenções, os esforços serão positivos e, em caso contrário, negativos.

4.4 Construção geométrica dos diagramas para vigas biapoiadas

Na sequência são apresentados resultados da análise de estruturas submetidas a carregamentos usuais, por meio dos quais podem ser verificadas as relações e regras práticas apontadas no item anterior. No exemplo relativo a carregamento uniformemente distribuído, em particular, é introduzida a construção do diagrama parabólico do momento fletor, com a determinação do momento máximo no trecho. Cabe destacar que, apesar de as construções geométricas serem exemplificadas para o caso de vigas biapoiadas, o procedimento é análogo para outras configurações e modelos, como se verá adiante.

4.4.1 Carga concentrada – reações e diagramas de esforços

Considere-se a viga sujeita a carga concentrada da Fig. 4.29.

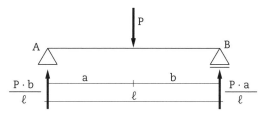

Fig. 4.29 *Viga sujeita a carga concentrada: ação e reações de apoio*

Trechos: $0 \leq x \leq a$ e $a \leq x \leq \ell$.

Trecho 1 ($0 \leq x \leq a$; Fig. 4.30)

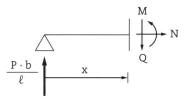

Fig. 4.30 *Esforços no primeiro trecho*

$$\sum X = 0 \Rightarrow N = 0 \text{ (constante)}$$

$$\sum Y = 0 \Rightarrow -Q + \frac{Pb}{\ell} = 0 \Rightarrow Q = \frac{Pb}{\ell} \text{ (constante)}$$

$$\sum M = 0 \Rightarrow M - \frac{Pbx}{\ell} = 0$$

$$\Rightarrow M = \frac{Pbx}{\ell} \left(\text{linear}; M_{(x=0)} = 0; M_{(x=a)} = \frac{Pba}{\ell} \right)$$

Trecho 2 ($a \leq x \leq \ell$; Fig. 4.31)

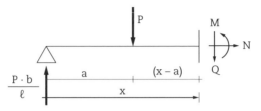

Fig. 4.31 *Esforços no segundo trecho*

$$\sum X = 0 \Rightarrow N = 0 \text{ (constante)}$$

$$\sum Y = 0 \Rightarrow -Q P + \frac{Pb}{\ell} = 0 \Rightarrow Q = -\frac{Pa}{\ell} \text{(constante)}$$

$$\sum M = 0 \Rightarrow M + P(x-a) - \frac{Pbx}{\ell} = 0$$

$$\Rightarrow M = \frac{Pbx}{\ell} - P(x-a) \left(\text{linear}; M_{(x=a)} = \frac{Pba}{\ell}; M_{(x=\ell)} = 0 \right)$$

Diagramas (Fig. 4.32)

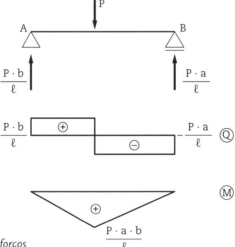

Fig. 4.32 *Diagramas de esforços*

4.4.2 Carga uniformemente distribuída – reações e diagramas de esforços
Considere-se a viga sujeita a carga uniformemente distribuída da Fig. 4.33.

4 Esforços solicitantes | 55

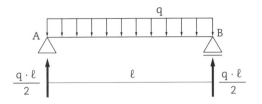

Fig. 4.33 *Viga sujeita a carga uniformemente distribuída: ação e reações de apoio*

Trecho único (0 ≤ x ≤ ℓ; Fig. 4.34)

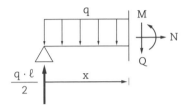

Fig. 4.34 *Esforços na estrutura (trecho único)*

$$\sum X = 0 \Rightarrow N = 0 \text{ (constante)}$$

$$\sum Y = 0 \Rightarrow -Q + \frac{q\ell}{2} - qx = 0 \Rightarrow Q = \frac{q\ell}{2} - qx \left(\text{linear}; Q_{(x=0)} = \frac{q\ell}{2} ; Q_{(x=\ell)} = \frac{-q\ell}{2} \right)$$

$$\sum M = 0 \Rightarrow M + \frac{qx^2}{2} - \frac{q\ell x}{2} = 0 \Rightarrow M = -\frac{qx^2}{2} + \frac{q\ell x}{2} \left(\text{parabólico}; M_{(x=0)} = 0; M_{(x=\ell)} = 0 \right)$$

Como são necessários três pares de pontos para definir a parábola, é interessante que o terceiro par corresponda ao ponto no qual o esforço assuma um valor extremo. Lembrando que a condição para que um ponto represente o extremo de uma função consiste em sua primeira derivada ser nula nesse ponto (declividade nula), a determinação de um ponto adicional para o traçado do diagrama de momentos pode ser feita da seguinte forma (Fig. 4.35):

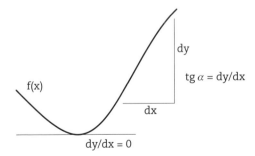

Fig. 4.35 *Declividade de uma função*

Ponto extremo: $\dfrac{dy}{dx} = 0$ (derivada nula)

No caso, $f(x) = M$ e, portanto:

$$\frac{dM}{dx} = 0 = Q$$

$$\frac{dM}{dx} = -qx + \frac{q\ell}{2} = 0 \Rightarrow x = \frac{\ell}{2} \text{ (ponto de momento máximo)}$$

O valor do momento máximo é obtido pela substituição, na equação, da distância correspondente:

$$M_{máx} = M_{(x=\frac{\ell}{2})} = \frac{q\ell}{2} \cdot \frac{\ell}{2} - \frac{q}{2}\left(\frac{\ell}{2}\right)^2 = \frac{q\ell^2}{8}$$

Diagramas (Fig. 4.36)

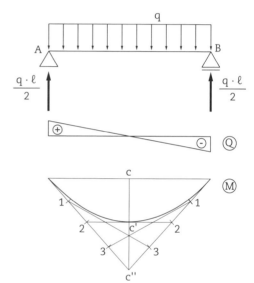

Fig. 4.36 *Diagramas de esforços, em que* $\overline{cc'} = \overline{c'c''} = \frac{q\ell^2}{8}$

Para efetuar o traçado da parábola, une-se o ponto c'' por retas auxiliares às extremidades do trecho, divide-se cada reta auxiliar em quatro (ou mais) partes iguais, numeram-se os pontos e unem-se o ponto 1 com o ponto 3, o 2 com o 2 e o 3 com o 1. A parábola será tangente aos segmentos resultantes, passando por $c' = \frac{q\ell^2}{8}$.

4.4.3 Carga momento – reações e diagramas de esforços

Considere-se a viga sujeita a momento concentrado da Fig. 4.37.

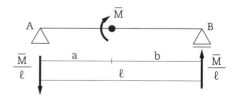

Fig. 4.37 *Viga sujeita a momento concentrado: ação e reações de apoio*

Trechos: $0 \leq x \leq a$ e $a \leq x \leq \ell$.

Trecho 1 (0 ≤ x ≤ a; Fig. 4.38)

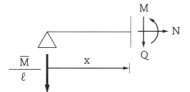

Fig. 4.38 *Esforços no primeiro trecho*

$$\sum X = 0 \Rightarrow N = 0 \text{ (constante)}$$

$$\sum Y = 0 \Rightarrow -Q - \frac{\overline{M}}{\ell} = 0 \Rightarrow Q = -\frac{\overline{M}}{\ell} \text{ (constante)}$$

$$\sum M = 0 \Rightarrow M + \frac{\overline{M}x}{\ell} = 0 \Rightarrow M = -\frac{\overline{M}x}{\ell} \left(\text{linear}; M_{(x=0)} = 0; M_{(x=a)} = -\frac{\overline{M}a}{\ell} \right)$$

Trecho 2 (a ≤ x ≤ ℓ; Fig. 4.39)

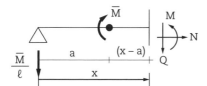

Fig. 4.39 *Esforços no segundo trecho*

$$\sum X = 0 \Rightarrow N = 0 \text{ (constante)}$$

$$\sum Y = 0 \Rightarrow -Q - \frac{\overline{M}}{\ell} = 0 \Rightarrow Q = -\frac{\overline{M}}{\ell} \text{ (constante)}$$

$$\sum M = 0 \Rightarrow M + \frac{\overline{M}x}{\ell} - \overline{M} = 0 \Rightarrow M = \overline{M} - \frac{\overline{M}x}{\ell} \left(\text{linear}; M_{(x=a)} = \frac{\overline{M}b}{\ell}; M_{(x=\ell)} = 0 \right)$$

Diagramas (Fig. 4.40)

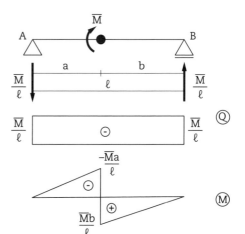

Fig. 4.40 *Diagramas de esforços*

4.5 Determinação dos esforços para o traçado dos diagramas – método dos pontos de transição

Quando se necessita apenas dos diagramas dos esforços, não importando as equações que regem cada trecho, as relações anteriores podem ser empregadas com o objetivo de gerar um procedimento que faculte a obtenção desses diagramas de forma mais simples que com o emprego das equações, porém com igual confiabilidade.

Basicamente, o procedimento aqui designado por *método dos pontos de transição* consiste na divisão da estrutura em trechos, a exemplo do que foi feito no método anterior. No entanto, os esforços serão determinados não mais para uma seção genérica situada ao longo de cada trecho, e sim para seções próximas aos limites de cada trecho, ou *pontos de transição*. Marcando os valores dos esforços correspondentes e unindo os pontos por retas, ou *linhas de fechamento*, efetua-se, a partir destas, a superposição das cargas aplicadas ao longo do trecho.

Exemplo 4.3

Empregando o método dos pontos de transição, determinar os esforços e traçar os diagramas correspondentes para a viga da Fig. 4.41.

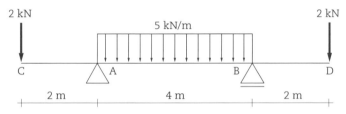

Fig. 4.41 *Estrutura do exemplo*

Estaticidade
- Reações: VA, VB e HA (Fig. 4.42).
- Equações: $\sum X = 0$, $\sum Y = 0$ e $\sum M = 0$.
- Condição necessária (número de reações = número de equações) e condição suficiente (disposição dos vínculos) atendidas: estrutura isostática.

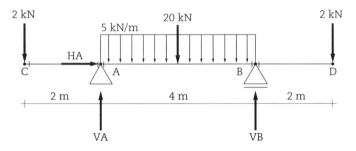

Fig. 4.42 *Sentidos arbitrados para as reações de apoio*

Reações

$$\sum X = 0 \Rightarrow HA = 0$$

$$\sum M_A = 0 \Rightarrow 2 \cdot 2 - 20 \cdot 2 + VB \cdot 4 - 2 \cdot 6 = 0 \Rightarrow VB = 12 \text{ kN}$$

$$\sum Y = 0 \Rightarrow VA + VB - 2 - 20 - 2 = 0 \Rightarrow VA + 12 - 24 = 0 \Rightarrow VA = 12 \text{ kN}$$

Verificação:

$$\sum M_B = 0 \Rightarrow 2 \cdot 6 - 12 \cdot 4 + 20 \cdot 2 - 2 \cdot 2 = 0 \Rightarrow 0 = 0 \text{ (OK)}$$

Essas reações de apoio podem ser vistas na Fig. 4.43.

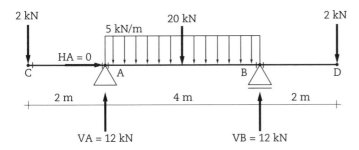

Fig. 4.43 *Reações de apoio*

Esforços

Como já destacado, nesse método, calculam-se os esforços apenas em seções junto aos pontos onde há mudança no tipo de carregamento, bem como nas extremidades da estrutura (pontos de transição). Para o exemplo em questão, os pontos de transição são os designados pelas letras A, B, C e D. Considerando distâncias praticamente nulas entre as seções e os pontos de transição correspondentes, têm-se:
a] Para a seção nas proximidades do nó C (Fig. 4.44)
  o Seção sobre o elemento CA (ou seja, imediatamente à direita do nó C):

$$\sum X = 0 \Rightarrow N = 0$$

$$\sum Y = 0 \Rightarrow -Q - 2 = 0 \Rightarrow Q = -2 \text{ kN}$$

$$\sum M_S = 0 \Rightarrow M = 0$$

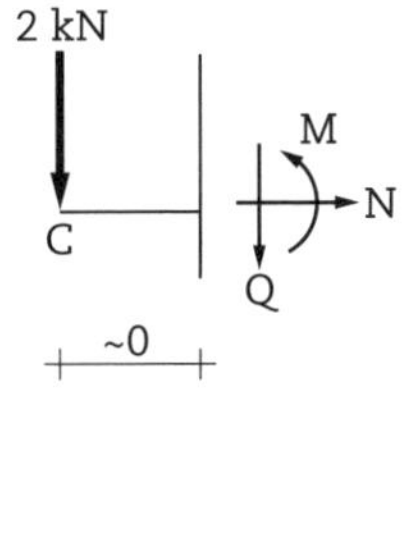

Fig. 4.44 *Seção nas proximidades do nó C*

60 | Análise estrutural para Engenharia Civil e Arquitetura

b] Para a seção nas proximidades do nó D (Fig. 4.45)
  ○ Seção sobre o elemento DB (ou seja, imediatamente à esquerda do nó D):

$$\sum X = 0 \Rightarrow N = 0$$

$$\sum Y = 0 \Rightarrow Q - 2 = 0 \Rightarrow Q = 2 \text{ kN}$$

$$\sum M_S = 0 \Rightarrow M = 0$$

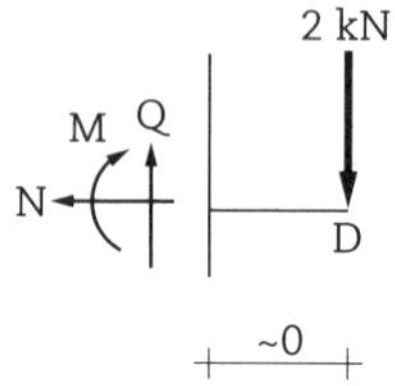

Fig. 4.45 *Seção nas proximidades do nó D*

De forma alternativa, os esforços nas extremidades podem ser obtidos comparando-se as forças nessas extremidades com os sentidos fornecidos pelo quadro de convenções.

c] Prosseguindo, agora para as seções nas proximidades do nó A
  ○ Seção sobre o elemento AC (ou seja, imediatamente à esquerda do nó A – Fig. 4.46):

$$\sum X = 0 \Rightarrow N = 0$$

$$\sum Y = 0 \Rightarrow -Q - 2 = 0 \Rightarrow Q = -2 \text{ kN}$$

$$\sum M_S = 0 \Rightarrow M + 2 \cdot 2 = 0 \Rightarrow M = -4 \text{ kNm}$$

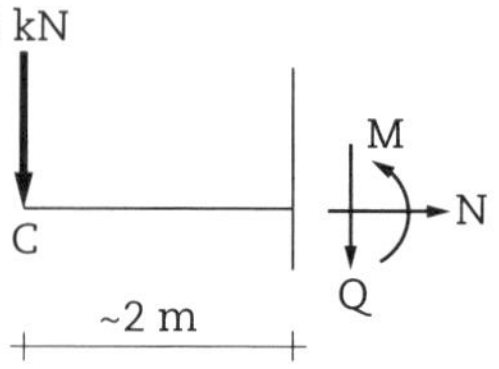

Fig. 4.46 *Seção imediatamente à esquerda do nó A*

  ○ Seção sobre elemento AB (ou seja, imediatamente à direita do nó A – Fig. 4.47):

$$\sum X = 0 \Rightarrow N = 0$$

$$\sum Y = 0 \Rightarrow -Q - 2 + 12 = 0 \Rightarrow Q = 10 \text{ kN}$$

$$\sum M_S = 0 \Rightarrow M + 2 \cdot 2 = 0 \Rightarrow M = -4 \text{ kNm}$$

4 Esforços solicitantes | 61

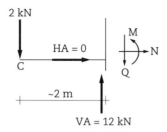

Fig. 4.47 *Seção imediatamente à direita do nó A*

d] De forma análoga, para as seções situadas nas proximidades do nó B
  o Seção sobre o elemento BA (Fig. 4.48):

$$\sum X = 0 \Rightarrow N = 0$$

$$\sum Y = 0 \Rightarrow Q + 12 - 2 = 0 \Rightarrow Q = -10 \text{ kN}$$

$$\sum M_S = 0 \Rightarrow -M - 2 \cdot 2 = 0 \Rightarrow M = -4 \text{ kNm}$$

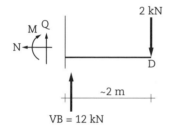

Fig. 4.48 *Seção imediatamente à esquerda do nó B*

  o Seção sobre o elemento BD (Fig. 4.49):

$$\sum X = 0 \Rightarrow N = 0$$

$$\sum Y = 0 \Rightarrow Q - 2 = 0 \Rightarrow Q = 2 \text{ kN}$$

$$\sum M_S = 0 \Rightarrow -M - 2 \cdot 2 = 0 \Rightarrow M = -4 \text{ kNm}$$

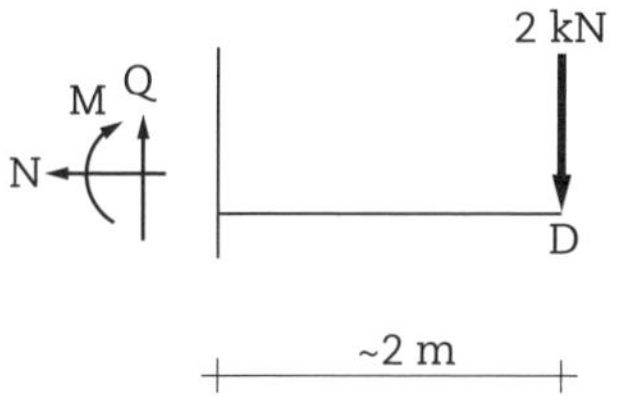

Fig. 4.49 *Seção imediatamente à direita do nó B*

Diagramas dos esforços
A Fig. 4.50 apresenta os diagramas dos esforços. Das relações diferenciais têm-se:

- Para os trechos CA e DB: $q = 0 \to \int \to Q = \text{cte} \to \int \to M = \text{linear}$.

- Para o trecho AB: $q = \text{uniforme (cte)} \to \int \to Q = \text{linear} \to \int \to M = \text{parabólico}$.

Em cada trecho, o número de seções com valor de esforço conhecido é maior ou igual ao estritamente necessário (uma seção para valores constantes e duas seções para variações lineares), exceto para o momento fletor parabólico. Para este, o terceiro ponto corresponde ao momento fletor no ponto médio, o qual, devido à simetria da estrutura, coincide com o ponto de momento máximo do trecho.

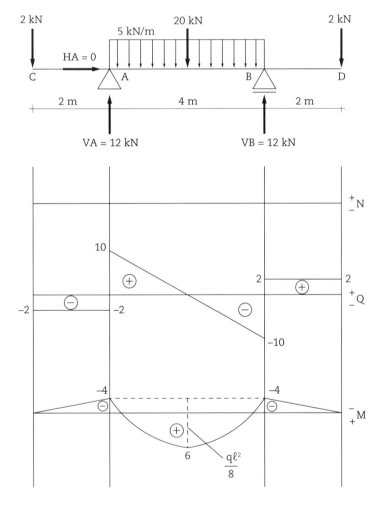

Fig. 4.50 *Diagramas de esforços*

$$\frac{q \cdot \ell^2}{8} = \frac{5 \cdot 4^2}{8} = 10 \text{ kNm} \quad \text{e} \quad M_{máx} = -4 + 10 = 6 \text{ kNm}$$

Cabe observar que, para as estruturas como a do exemplo, pode-se tirar partido da simetria, de modo que tanto as reações como os diagramas de esforços normais e de momentos fletores são simétricos, ao passo que o diagrama de esforços cortantes é antissimétrico.

4.6 Vigas Gerber

A associação de vigas simples isostáticas permite que sejam concebidas estruturas de maior complexidade, conhecidas como *vigas Gerber*. Nestas, elementos sem estabilidade própria apoiam-se em outros elementos com estabilidade própria, de modo a formar um conjunto estável. A transmissão das ações externas de um trecho a outro se dá através de rótulas, conforme ilustrado na Fig. 4.51.

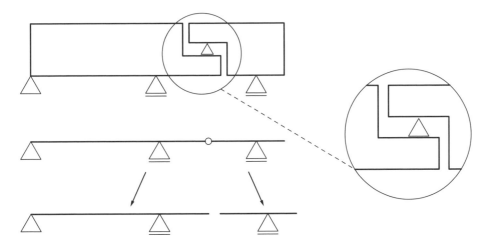

Fig. 4.51 *Exemplo de viga Gerber (dente Gerber no detalhe)*

Como uma rótula constitui um ponto de momento nulo (ou seja, não transmite tendência de giro de um elemento para outro elemento adjacente), essa informação pode ser empregada como uma equação adicional na verificação das condições necessárias ao equilíbrio.

A verificação da estabilidade não é efetuada de forma tão direta como para vigas simples, devendo-se, para tanto, analisar inicialmente as vigas sem estabilidade própria, de modo a verificar se estas podem efetivamente transmitir aos trechos estáveis as forças necessárias ao seu equilíbrio e, portanto, ao equilíbrio do conjunto. Dessa forma, verificadas as condições necessárias, procede-se ao estudo da estabilidade. Por exemplo, para a estrutura anterior, têm-se as situações mostradas na Fig. 4.52.

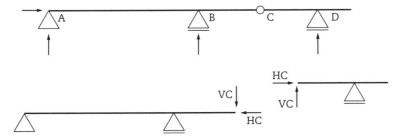

Fig. 4.52 *Viga Gerber: transmissão de forças entre trechos sem e com estabilidade*

As incógnitas são as reações nos apoios A, B e D, quais sejam: HA, VA, VB e VD, segundo a nomenclatura adotada.

Além das três condições de equilíbrio a que toda estrutura plana com carregamento atuando no plano deve atender, tem-se a condição de momento nulo na rótula fornecendo uma quarta equação, obtendo-se: $\sum X = 0$, $\sum Y = 0$, $\sum M = 0$ e $M_c = 0$.

Assim, os vínculos estão presentes em número mínimo necessário para o equilíbrio do conjunto (número de reações = número de equações). Resta verificar se a estrutura pode ser decomposta em trechos com e sem estabilidade de modo a formar um conjunto estável, conforme a definição. Separando a estrutura nas rótulas, observa-se que o trecho da esquerda (constituindo uma viga biapoiada com balanço) possui estabilidade própria, ou seja, vinculação que permite a transmissão das ações aplicadas sobre este diretamente ao meio exterior. Já o trecho da direita, apesar de não possuir estabilidade própria, pode transmitir suas ações ao meio exterior com o auxílio do trecho estável, desde que se apoie neste. Assim, as condições necessárias e suficientes ao equilíbrio do conjunto são atendidas, e a estrutura do exemplo pode ser classificada como *isostática*.

Ainda com base no exemplo, cabem algumas observações:

- A rótula equivale a um apoio para o trecho instável e a um ponto de aplicação de carga para o trecho com estabilidade própria. Assim, os elementos resultantes da decomposição de uma viga Gerber consistirão em vigas biapoiadas (com ou sem balanço) e em vigas engastadas (ou seja, vigas simples).
- Para efeito de decomposição da estrutura (uma vez que essa decomposição é virtual), não existe preocupação com o fato de os apoios serem de primeira ou de segunda espécie (isto é, simples ou duplos), bastando que um dos vínculos da estrutura impeça o deslocamento horizontal do conjunto. A decomposição, portanto, possui como objetivo único o estudo da possibilidade de transmissão das ações *verticais* ao meio exterior.
- Uma vez verificada a estabilidade da estrutura, pode-se efetuar a determinação das reações para o conjunto ou, de forma alternativa, aplicar as equações de equilíbrio a cada trecho, transmitindo as reações dos trechos sem estabilidade como ações aos trechos nos quais se apoiam. Esse último procedimento faz com que, independentemente da complexidade da estrutura, o número de equações a manipular seja sempre pequeno.

Apresentam-se nas Figs. 4.53 a 4.56 outros exemplos de verificação da estaticidade em vigas Gerber. Na última figura de cada um desses exemplos, os números indicam a sequência em que os elementos devem ser analisados para efeito de cálculo das reações de apoio (iniciando sempre pelo elemento mais instável e finalizando pelo elemento que possui estabilidade própria). Um mesmo número atribuído a dois elementos indica que ambos são independentes no que diz respeito ao equilíbrio. Observa-se que os elementos com estabilidade própria são analisados por último.

4 Esforços solicitantes | 65

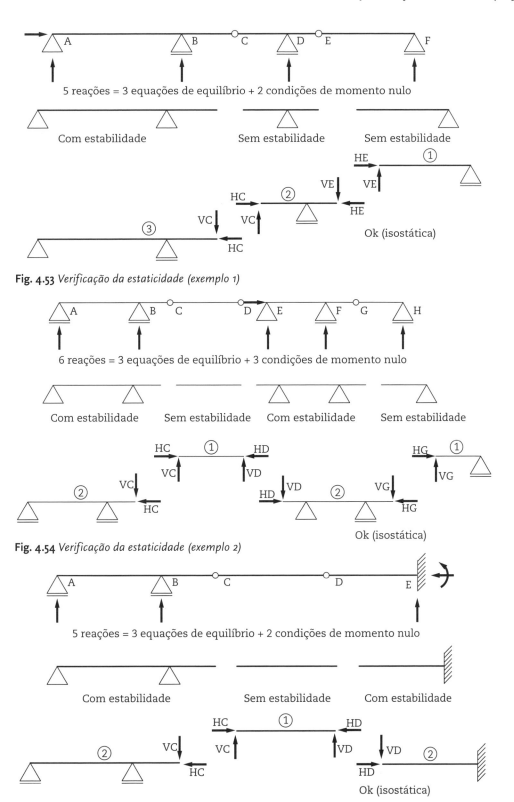

Fig. 4.53 *Verificação da estaticidade (exemplo 1)*

Fig. 4.54 *Verificação da estaticidade (exemplo 2)*

Fig. 4.55 *Verificação da estaticidade (exemplo 3)*

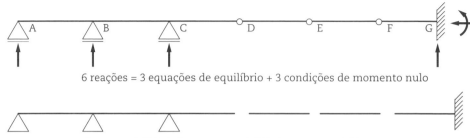

Fig. 4.56 *Verificação da estaticidade (exemplo 4)*

Neste último caso, é impossível a obtenção do equilíbrio, pois o elemento DE não tem como transmitir suas ações ao elemento EF, e vice-versa. Logo, a condição suficiente não é atendida, e a estrutura é *hipostática*.

Uma vez determinadas as reações, tem-se novamente uma estrutura em equilíbrio. Assim, o procedimento para a obtenção dos diagramas de esforços é análogo ao empregado para vigas simples.

Exemplo 4.4
Determinar os esforços e traçar os diagramas correspondentes para a viga Gerber da Fig. 4.57.

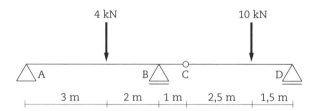

Fig. 4.57 *Estrutura do exemplo*

Estaticidade
- Reações: VA, VB, VD e HA.
- Equações: $\sum X = 0$, $\sum Y = 0$, $\sum M = 0$, $M_C = 0$.
- Condição necessária atendida (número de reações = número de equações).

Decomposição (Fig. 4.58):

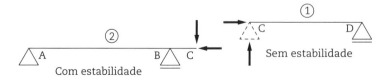

Fig. 4.58 *Decomposição em trechos sem e com estabilidade própria*

A condição suficiente é atendida (pode ser decomposta em trechos com e sem estabilidade, formando um conjunto estável). Logo, é isostática.

Reações (mantendo a divisão por trechos)

e] Trecho CD (Fig. 4.59):

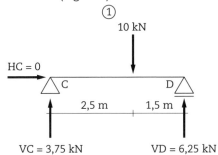

Fig. 4.59 Reações de apoio no trecho CD

$$\sum X = 0 \Rightarrow HC = 0$$

$$\sum M_C = 0 \Rightarrow -10 \cdot 2{,}5 + VD \cdot 4 = 0 \Rightarrow VD = 6{,}25 \text{ kN}$$

$$\sum Y = 0 \Rightarrow VC + VD = 10 \Rightarrow VC = 10 - 6{,}25 \Rightarrow VC = 3{,}75 \text{ kN}$$

Verificação:

$$\sum M_D = 0 \Rightarrow -3{,}75 \cdot 4 + 10 \cdot 1{,}5 = 0 \Rightarrow 0 = 0 \text{ (OK)}$$

f] Trecho AC (Fig. 4.60):

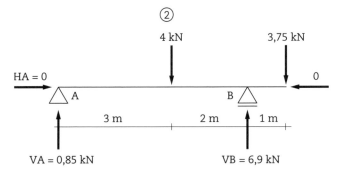

Fig. 4.60 Reações de apoio no trecho AC

$$\sum X = 0 \Rightarrow HA = 0$$

$$\sum M_A = 0 \Rightarrow -4 \cdot 3 + VB \cdot 5 - 3{,}75 \cdot 6 = 0 \Rightarrow VB = 6{,}9 \text{ kN}$$

$$\sum Y = 0 \Rightarrow -4 + VA - 3{,}75 + VB = 0 \Rightarrow VA = 4 + 3{,}75 - 6{,}9 \Rightarrow VA = 0{,}85 \text{ kN}$$

Verificação:

$$\sum M_B = 0 \Rightarrow -0{,}85 \cdot 5 + 4 \cdot 2 - 3{,}75 \cdot 1 = 0 \Rightarrow 0 = 0 \text{ (OK)}$$

Além da verificação do equilíbrio de cada trecho de forma isolada, pode-se também efetuar alguma verificação para a estrutura como um todo (verificações globais) (Fig. 4.61). Esse procedimento é particularmente interessante na presença de um maior número de trechos, situação para a qual um eventual engano na transmissão de forças de um trecho para outro não é improvável.

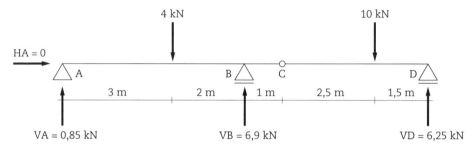

Fig. 4.61 *Estrutura com ações e reações de apoio*

$$\sum Y = 0 \Rightarrow 0{,}85 + 6{,}9 + 6{,}25 - 4 - 10 = 0 \Rightarrow 0 = 0 \text{ (OK)}$$

$$M_C^{ESQ} = 0 \Rightarrow -0{,}85 \cdot 6 - 6{,}9 \cdot 1 + 4 \cdot 3 = 0 \Rightarrow 0 = 0 \text{ (OK)}$$

Determinação dos esforços

a] Nó A (extremo):

$N = 0 \qquad Q = 0{,}85 \text{ kN} \qquad M = 0$

b] Nó D (extremo):

$N = 0 \qquad Q = -6{,}25 \text{ kN} \qquad M = 0$

c] Proximidades do nó E:
  ○ Seção sobre o elemento EA (Fig. 4.62):

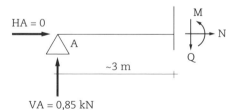

Fig. 4.62 *Esforços imediatamente à esquerda do nó E*

$$\sum X = 0 \Rightarrow N = 0$$

$$\sum Y = 0 \Rightarrow -Q + 0{,}85 = 0 \Rightarrow Q = 0{,}85 \text{ kN}$$

$$\sum M_S = 0 \Rightarrow M - 0{,}85 \cdot 3 = 0 \Rightarrow M = 2{,}55 \text{ kNm}$$

○ Seção sobre EB (Fig. 4.63):

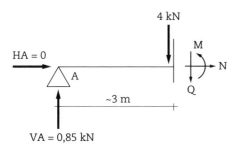

Fig. 4.63 *Esforços imediatamente à direita do nó E*

$$\sum X = 0 \Rightarrow N = 0$$

$$\sum Y = 0 \Rightarrow -Q - 4 + 0{,}85 = 0 \Rightarrow Q = -3{,}15 \text{ kN}$$

$$\sum M_S = 0 \Rightarrow M - 0{,}85 \cdot 3 + 4 \cdot 0 \Rightarrow M = 2{,}55 \text{ kNm}$$

d] Proximidades do nó B:
  ○ Seção sobre BE (Fig. 4.64):

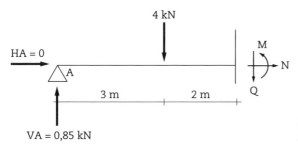

Fig. 4.64 *Esforços imediatamente à esquerda do nó B*

$$\sum X = 0 \Rightarrow N = 0$$

$$\sum Y = 0 \Rightarrow -4 - Q + 0{,}85 = 0 \Rightarrow Q = -3{,}15 \text{ kN}$$

$$\sum M_s = 0 \Rightarrow M + 4 \cdot 2 - 0{,}85 \cdot 5 = 0 \Rightarrow M = -3{,}75 \text{ kN}$$

o Seção sobre BF (Fig. 4.65):

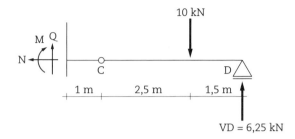

Fig. 4.65 *Esforços imediatamente à direita do nó B*

$$\sum X = 0 \Rightarrow N = 0$$

$$\sum Y = 0 \Rightarrow -10 + Q + 6,25 = 0 \Rightarrow Q = 3,75 \text{ kN}$$

$$\sum M_S = 0 \Rightarrow -M - 10 \cdot 3,5 + 6,25 \cdot 5 = 0 \Rightarrow M = -3,75 \text{ kNm}$$

e] Proximidades do nó F:
  o Seção sobre FB (Fig. 4.66):

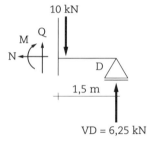

Fig. 4.66 *Esforços imediatamente à esquerda do nó F*

$$\sum X = 0 \Rightarrow N = 0$$

$$\sum Y = 0 \Rightarrow Q - 10 + 6,25 = 0 \Rightarrow Q = 3,75 \text{ kN}$$

$$\sum M_S = 0 \Rightarrow -M + 6,25 \cdot 1,5 = 0 \Rightarrow M = 9,375 \text{ kNm}$$

  o Seção sobre FD (Fig. 4.67):

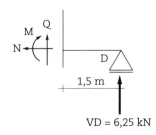

Fig. 4.67 *Esforços imediatamente à direita do nó F*

4 Esforços solicitantes | 71

$$\sum X = 0 \Rightarrow N = 0$$

$$\sum Y = 0 \Rightarrow Q + 6{,}25 = 0 \Rightarrow Q = -6{,}25 \text{ kN}$$

$$\sum M_S = 0 \Rightarrow -M + 6{,}25 \cdot 1{,}5 = 0 \Rightarrow M = 9{,}375 \text{ kNm}$$

Diagramas dos esforços

A Fig. 4.68 apresenta os diagramas dos esforços. Marcados os valores calculados, estes são unidos segundo as relações:

$$q = 0 \rightarrow \int \rightarrow Q = cte \rightarrow \int \rightarrow M = \text{linear}$$

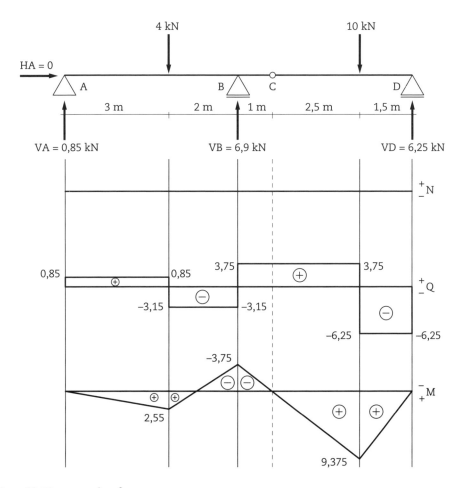

Fig. 4.68 *Diagramas de esforços*

Com relação ao diagrama de esforços cortantes, é fácil verificar que as descontinuidades coincidem com as cargas concentradas e se dão nos sentidos destas. Uma vez construído esse diagrama, os momentos fletores podem, de forma alternativa, ser obtidos a partir dele, computando-se o equivalente à área do diagrama do cortante (A_Q) entre o ponto de interesse e o ponto de mais próximo valor conhecido. No exemplo:

$$M_E = M_A + A_Q = 0 + 0{,}85 \cdot 3 = 2{,}55 \text{ kNm}$$

$$M_B = M_E + A_Q = 2{,}55 - 3{,}15 \cdot 2 = -3{,}75 \text{ kNm}$$

$$M_C = M_B + A_Q = -3{,}75 + 3{,}75 \cdot 1 = 0$$

$$M_F = M_C + A_Q = 0 + 3{,}75 \cdot 2{,}5 = 9{,}375 \text{ kNm}$$

$$M_D = M_F + A_Q = 9{,}375 - 6{,}25 \cdot 1{,}5 = 0$$

Efetuando-se o cálculo da esquerda para a direita, as áreas do diagrama de esforços cortantes são somadas aos momentos, com o sinal do esforço. Se o cálculo for realizado a partir da direita, a área deverá ser subtraída.

4.7 Vigas inclinadas

A análise de vigas inclinadas também é efetuada de forma análoga à das vigas simples. No entanto, possui a particularidade de que, para efeito de cálculo dos momentos fletores, a viga comporta-se como tendo comprimento igual à projeção do carregamento.

Na sequência são apresentados exemplos de análise de vigas inclinadas submetidas a carregamentos com diversas orientações.
- Para carregamento vertical (Figs. 4.69 e 4.70):

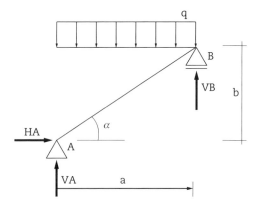

Fig. 4.69 *Viga inclinada com carregamento vertical*

$$\sum X = 0 \Rightarrow HA = 0 \qquad (4.9)$$

4 Esforços solicitantes | 73

$$\sum M_A = 0 \Rightarrow -\frac{qa^2}{2} - VB \cdot a = 0 \Rightarrow VB = \frac{qa}{2} \quad (4.10)$$

$$\sum M_B = 0 \Rightarrow VA + \frac{qa}{2} - q \cdot a = 0 \Rightarrow VA = \frac{qa}{2} \quad (4.11)$$

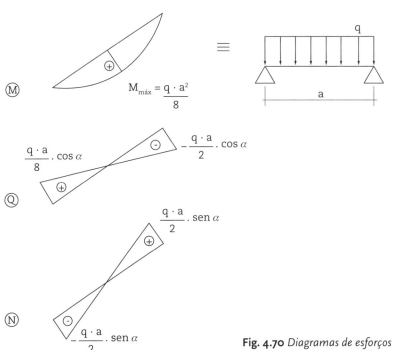

Fig. 4.70 Diagramas de esforços

- Para carregamento horizontal (Figs. 4.71 e 4.72):

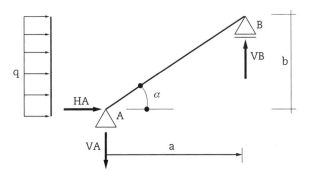

Fig. 4.71 Viga inclinada com carregamento horizontal

$$\sum X = 0 \Rightarrow HA = qb \quad (4.12)$$

$$\sum M_A = 0 \Rightarrow VB = \frac{qb^2}{2a} \quad (4.13)$$

$$\sum Y = 0 \Rightarrow VA = VB \quad (4.14)$$

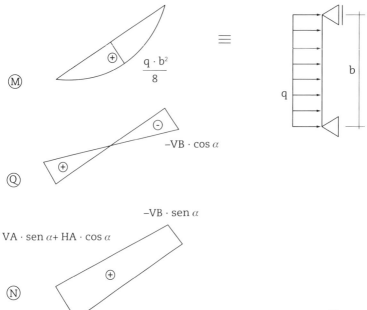

Fig. 4.72 *Diagramas de esforços*

- Para carregamento perpendicular ao eixo (Fig. 4.73):

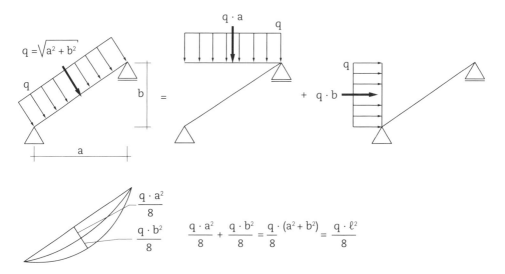

Fig. 4.73 *Viga inclinada com carregamento perpendicular ao eixo*

Por superposição, a análise, nesse último caso, recai nas situações ilustradas nos exemplos anteriores.

Exemplo 4.5
Determinar os esforços e traçar os diagramas correspondentes para a viga inclinada mostrada na Fig. 4.74.

4 Esforços solicitantes | 75

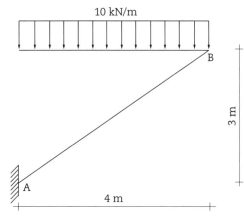

Fig. 4.74 *Viga inclinada com carregamento atuante*

Estaticidade
- Reações: VA, HA e MA.
- Equações: $\sum X = 0$, $\sum Y = 0$ e $\sum M = 0$.
- Condições necessárias e suficientes satisfeitas: a estrutura é isostática.

Reações

$$\sum X = 0 \Rightarrow HA = 0$$

$$\sum Y = 0 \Rightarrow VA - 40 = 0 \Rightarrow VA = 40 \text{ kN}$$

$$\sum M_A = 0 \Rightarrow -40 \cdot 2 + MA = 0 \Rightarrow MA = 80 \text{ kN}$$

Verificação:

$$\sum M_B = 0 \Rightarrow 40 \cdot 2 - 80 = 0 \Rightarrow 0 = 0$$

Esforços
A Fig. 4.75 ilustra a decomposição das forças nos extremos.

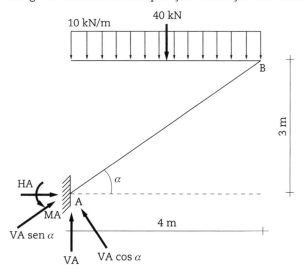

Fig. 4.75 *Decomposição das forças nos extremos*

- Nas proximidades do nó A (extremo), sendo $\alpha = \text{arctg}\left(\dfrac{3}{4}\right)$:

$$N = -VA \cdot \text{sen}\,\alpha = -24 \text{ kN}$$

$$Q = VA \cdot \cos\alpha = 32 \text{ kN}$$

$$M = -80 \text{ kNm}$$

- Proximidades do nó B (extremo):

$$N = 0$$

$$Q = 0$$

$$M = 0$$

Diagramas de esforços

$q = \text{cte} \to \int \to Q = \text{linear} \to \int \to M = 2°\text{ grau}$

A Fig. 4.76 apresenta os diagramas dos esforços.

Cabe observar que, em função da componente axial do carregamento, o esforço normal varia ao longo do elemento.

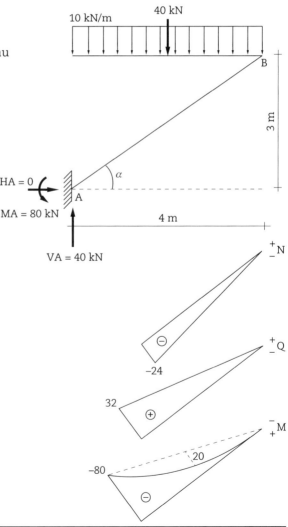

Fig. 4.76 *Diagramas dos esforços*

4.8 Exercícios propostos
Para as vigas das figuras, determinar os esforços e traçar os diagramas correspondentes:

4.1)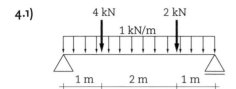

4.2)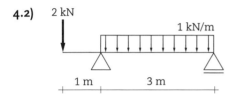

4.3)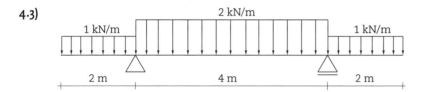

4.4)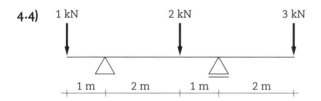

4.5)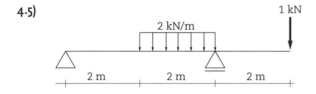

4.6)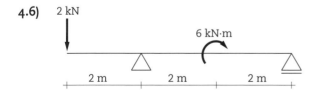

4.7)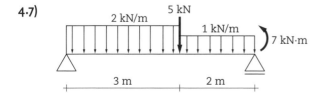

4.8)

4.9)

4.10)

4.11)

4.12)

4.13)

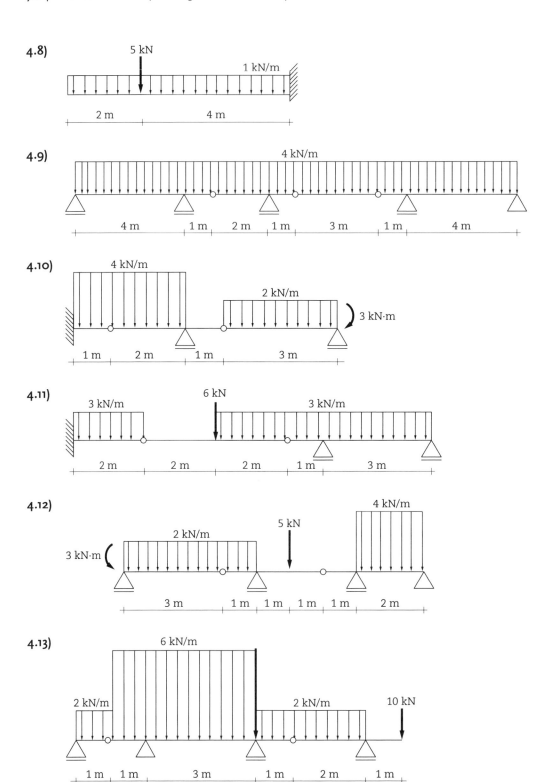

Pórticos planos 5

Os pórticos, ou quadros, assim como as vigas, podem consistir em estruturas simples ou na associação destas, gerando estruturas compostas. No presente capítulo são abordadas apenas estruturas planas, porém o estudo desenvolvido pode, sem perda de generalidade, ser estendido à análise de pórticos espaciais.

5.1 Pórticos simples

Considerando a estrutura contida no plano XY, os graus de liberdade e, consequentemente, as equações de equilíbrio são os mesmos empregados na análise de vigas.

Com relação aos esforços, a análise também recai no caso de vigas. No entanto, pelo fato de os elementos que concorrem num mesmo nó poderem possuir orientações distintas, os nós internos também devem ser associados a pontos de transição. Dessa forma, para efeito de análise podem-se isolar as barras do pórtico, desde que se apliquem nos nós intermediários os esforços atuantes, de modo a manter o equilíbrio de cada barra.

Também a exemplo das vigas simples, a vinculação que pode resultar numa estrutura isostática é bastante limitada. Nesse contexto, os pórticos possíveis são: biapoiados (Fig. 5.1), engastados e triarticulados.

A convenção de sinais para os esforços segue o que foi definido no início deste estudo. Contudo, necessitará ser complementada, para os elementos de eixo com orientação diferente da horizontal, por uma convenção que indicará como o quadro de convenções será posicionado em relação ao eixo.

A convenção adicional consiste em representar um tracejado em uma face do elemento e é inteiramente arbitrária, desde que, uma vez estipulada, seja mantida até o traçado dos diagramas correspondentes a esse elemento. No entanto, como orientação inicial, apresenta-se a seguinte sugestão: imagina-se um observador dentro do quadro, desenhando o tracejado na face do elemento que estiver mais próxima dele (Fig. 5.2).

O posicionamento do tracejado em uma ou outra face de um elemento faz com que

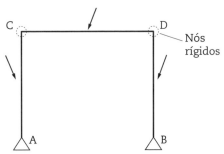

Fig. 5.1 *Quadro biapoiado*

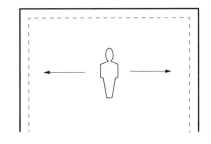

Fig. 5.2 *Exemplo de posicionamento do tracejado (convenção auxiliar)*

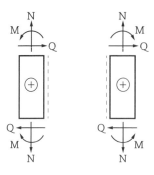

Fig. 5.3 *Alteração no sinal do momento fletor conforme orientação do tracejado*

apenas os sinais dos momentos fletores sejam alterados (Fig. 5.3). Porém, independentemente da posição adotada, os momentos estarão sempre representados na face tracionada do elemento.

Quando houver mais de um quadro fechado e, portanto, mais de um observador, prevalecerá o que estiver posicionado mais à direita. É o caso ilustrado na Fig. 5.4, para o elemento central.

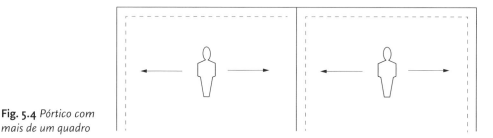

Fig. 5.4 *Pórtico com mais de um quadro*

As Figs. 5.5 e 5.6 apresentam alguns exemplos de posicionamento do tracejado, ilustrados nos demais quadros simples, quais sejam, pórtico engastado e pórtico triarticulado (também chamado de trirrotulado).

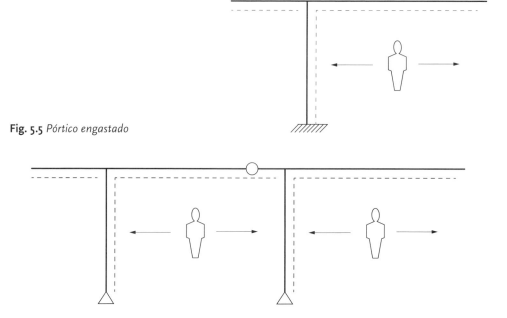

Fig. 5.5 *Pórtico engastado*

Fig. 5.6 *Pórtico triarticulado (ou trirrotulado)*

Pórticos planos | 81

Exemplo 5.1

Determinar os esforços e traçar os diagramas correspondentes para o pórtico plano da Fig. 5.7.

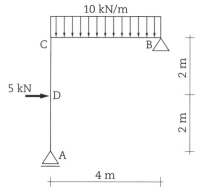

Fig. 5.7 *Estrutura e carregamentos atuantes*

Estaticidade
Isostática (número e disposição dos vínculos adequados).

Reações (sentidos conforme a Fig. 5.8)

$$\sum X = 0 \Rightarrow HB + 5 = 0 \Rightarrow HB = -5 \text{ kN}$$

$$\sum M_B = 0 \Rightarrow 40 \cdot 2 + 5 \cdot 2 - VA \cdot 4 = 0 \Rightarrow VA \cdot 4 = 90 \Rightarrow VA = 22,5 \text{ kN}$$

$$\sum Y = 0 \Rightarrow VA + VB - 40 = 0 \Rightarrow VB = 40 - 22,5 \Rightarrow VB = 17,5 \text{ kN}$$

Verificação:

$$\sum M_A = 0 \Rightarrow -5 \cdot 2 - 40 \cdot 2 + 17,5 \cdot 4 + 5 \cdot 4 = 0 \Rightarrow 0 = 0$$

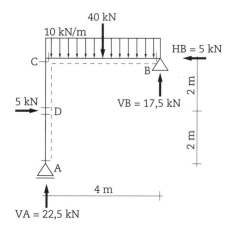

Fig. 5.8 *Ações e reações de apoio*

Esforços

a] Nó A (extremo):

$$N = -22,5 \text{ kN}$$

$$Q = 0$$

$$M = 0$$

b] Nó B (extremo):

$$N = -5 \text{ kN}$$

$$Q = -17,5 \text{ kN}$$

$$M = 0$$

c] Para proximidades do nó D:

o Seção sobre o elemento DA (elemento rotacionado; Fig. 5.9):

$$\sum X = 0 \Rightarrow Q = 0$$

$$\sum Y = 0 \Rightarrow N + 22,5 = 0 \Rightarrow N = -22,5 \text{ kN}$$

$$\sum M_S = 0 \Rightarrow M = 0$$

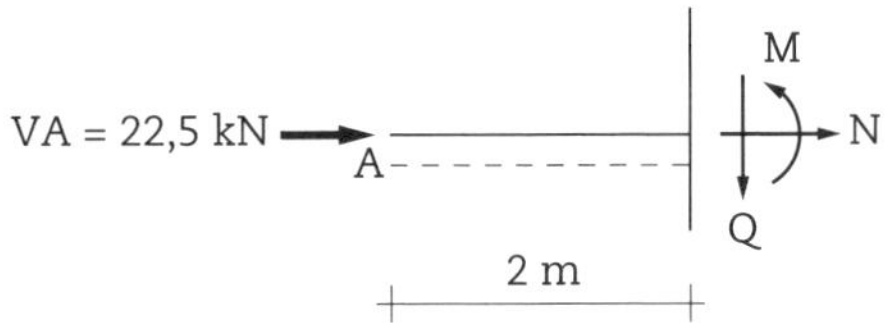

Fig. 5.9 *Esforços sobre o elemento* DA

o Seção sobre DC (Fig. 5.10):

$$\sum X = 0 \Rightarrow Q + 5 = 0 \Rightarrow Q = -5 \text{ kN}$$

$$\sum Y = 0 \Rightarrow N + 22,5 = 0 \Rightarrow N = -22,5 \text{ kN}$$

$$\sum M_S = 0 \Rightarrow M = 0$$

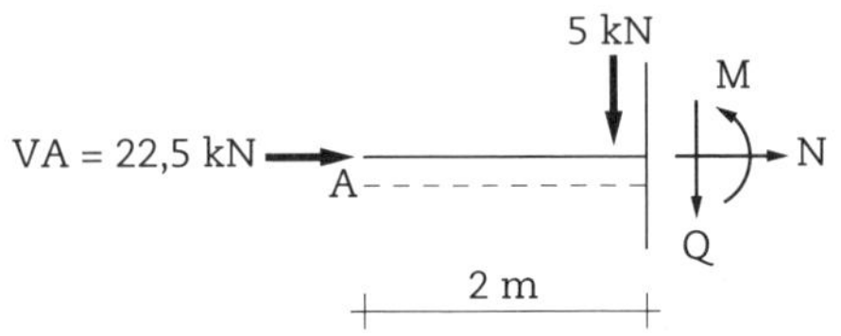

Fig. 5.10 *Esforços sobre o elemento* DC

d] Proximidades do nó C:

o Seção sobre CD (Fig. 5.11):

$$\sum X = 0 \Rightarrow 5 + Q = 0 \Rightarrow Q = -5 \text{ kN}$$

Pórticos planos | 83

$$\sum Y = 0 \Rightarrow N + 22{,}5 = 0 \Rightarrow N = -22{,}5 \text{ kN}$$

$$\sum M_S = 0 \Rightarrow M + 5 \cdot 2 = 0 \Rightarrow M = -10 \text{ kNm}$$

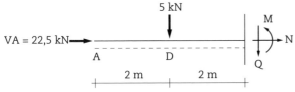

Fig. 5.11 *Esforços sobre o elemento CD*

o Seção sobre CB (Fig. 5.12):

$$\sum X = 0 \Rightarrow -N - 5 = 0 \Rightarrow N = -5 \text{ kN}$$

$$\sum Y = 0 \Rightarrow Q - 40 + 17{,}5 = 0 \Rightarrow Q = 22{,}5 \text{ kN}$$

$$\sum M_S = 0 \Rightarrow -M - 40 \cdot 2 + 17{,}5 \cdot 4 = 0 \Rightarrow M = -10 \text{ kNm}$$

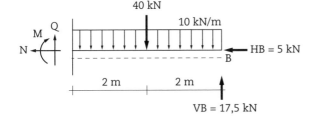

Fig. 5.12 *Esforços sobre o elemento CB*

Diagramas dos esforços (Figs. 5.13 e 5.14)

$$q = 0 \to \int \to Q = \text{cte} \to \int \to M = \text{linear}$$

$$q = \text{cte} \to \int \to Q = \text{linear} \to \int \to M = 2° \text{ grau} \quad \left(\frac{q\ell^2}{8} = \frac{10 \cdot 4^2}{8} = 20 \text{ kNm}\right)$$

- Ponto de momento fletor máximo (trecho CB):

$$\begin{matrix} 4 \text{ m} \to 40 \text{ kN} \\ X_{CB} \to 22{,}5 \text{ kN} \end{matrix} \quad X_{CB} = 2{,}25 \text{ m}$$

- Valor do momento máximo:

$$M_{maxCD} = M_C + A_Q = -10 + \frac{2{,}25 \cdot 22{,}5}{2} = 15{,}31 \text{ kNm}$$

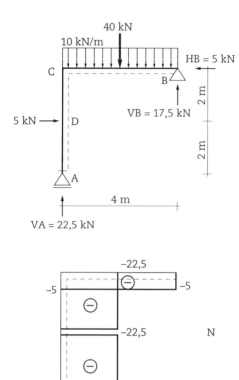

Fig. 5.13 *Estrutura original e diagrama de esforços normais*

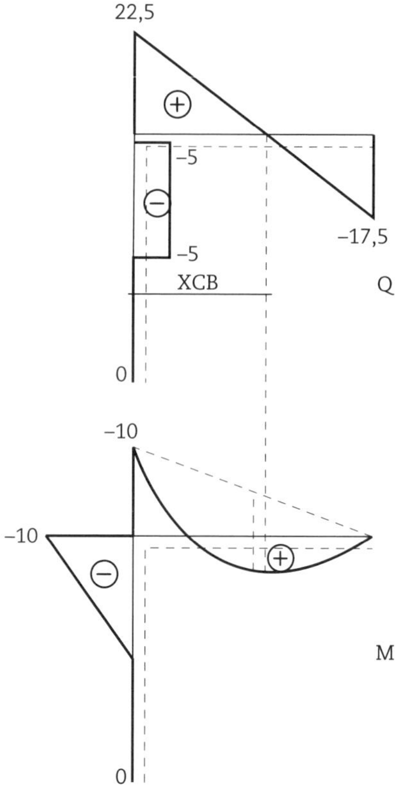

Fig. 5.14 *Diagrama de esforços cortantes e de momentos fletores*

5.2 Pórticos compostos

Um pórtico composto consiste na associação de pórticos simples, alguns com estabilidade própria e outros sem, formando um conjunto estável. Ou seja:

$$\text{Quadro composto} \leftrightarrow \text{Quadro simples}$$
$$\text{Viga Gerber} \leftrightarrow \text{Viga simples}$$

Assim, pórticos compostos também serão decompostos em quadros simples. Quando analisados separadamente, inicia-se a análise pelos menos estáveis.

5.2.1 Pórticos superpostos

Nem todas as barras são rotuladas em um nó (Fig. 5.15).

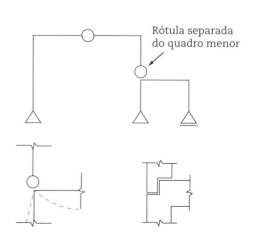

Fig. 5.15 *Pórticos superpostos*

5.2.2 Pórticos múltiplos

Várias barras podem ser rotuladas em um nó. Como regra geral tem-se que, quando n barras são rotuladas em um mesmo nó, a estrutura comporta-se como tendo $n - 1$ rótulas distintas nesse nó (isto é, as rótulas fornecem $n - 1$ equações).

Alguns exemplos de verificação da estaticidade são apresentados a seguir.

Para as Figs. 5.16 e 5.17:
- Número de reações: 10.
- Número de equações: 3 equações de equilíbrio + $4 \times (2 - 1) + 1 \times (4 - 1) = 10$ (condição necessária atendida).
- Condição suficiente atendida (pode ser decomposta segundo a definição; logo, é isostática).

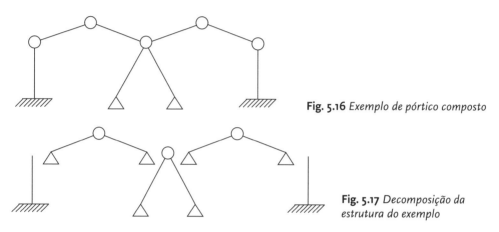

Fig. 5.16 Exemplo de pórtico composto

Fig. 5.17 Decomposição da estrutura do exemplo

Para as Figs. 5.18 e 5.19:
- Número de reações: 5.
- Número de equações: 3 equações de equilíbrio + $(3 - 1) = 5$ (condição necessária atendida).
- Condição suficiente atendida: isostática.

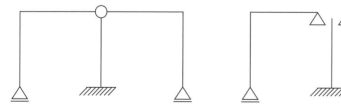

Fig. 5.18 Exemplo de pórtico composto

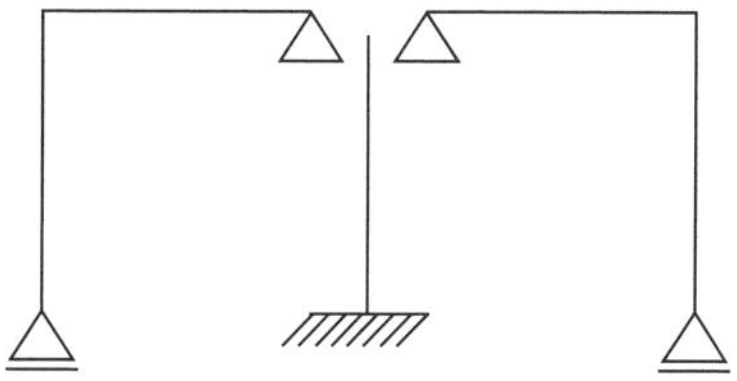

Fig. 5.19 Decomposição da estrutura do exemplo

Para as Figs. 5.20 e 5.21:
- Número de reações: 7.
- Número de equações: 3 equações de equilíbrio + $(3 - 1) = 5$, indicando condição necessária para estrutura hiperestática, com grau hiperestático 2.

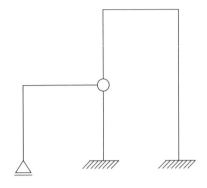

Fig. 5.20 *Exemplo de pórtico composto*

Uma estratégia para confirmar a condição suficiente consiste em analisar uma estrutura obtida a partir da retirada de um número de vínculos igual ao grau hiperestático, com o objetivo de gerar uma estrutura com a vinculação mínima para sua estabilidade. Por exemplo, na Fig. 5.21, altera-se apenas o engaste da direita.

- A estrutura equivalente é estável (condição suficiente) e, portanto, a original é hiperestática.

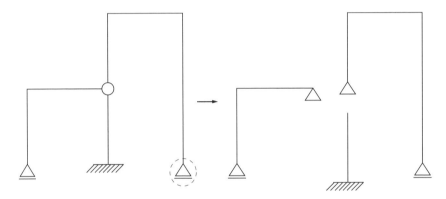

Fig. 5.21 *Estrutura isostática equivalente e decomposição*

Para as Figs. 5.22 e 5.23:
- Número de reações: 6.
- Número de equações: 3 equações de equilíbrio + (2 – 1) + (3 – 1) = 6 (condição necessária atendida). Condição suficiente atendida: *isostática*.

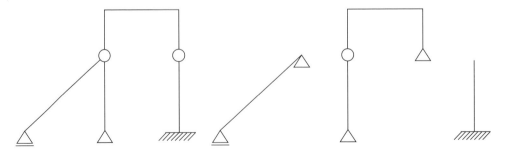

Fig. 5.22 *Exemplo de pórtico composto*   Fig. 5.23 *Decomposição da estrutura do exemplo*

Para as Figs. 5.24 e 5.25:
- Número de reações: 6.
- Número de equações: 3 equações de equilíbrio + (2 – 1) + (3 – 1) = 6 (condição necessária atendida).

- Condição suficiente atendida: *isostática*.

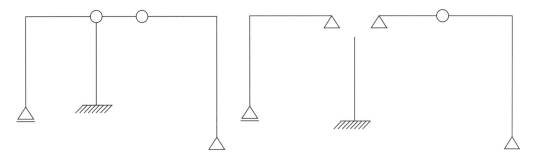

Fig. 5.24 *Exemplo de pórtico composto*   **Fig. 5.25** *Decomposição da estrutura do exemplo*

Para as Figs. 5.26 e 5.27:
- Número de reações: 6.
- Número de equações: 3 equações de equilíbrio + 3(2 − 1) = 6 (condição necessária atendida).
- Condição suficiente atendida: *isostática*.

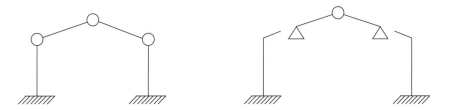

Fig. 5.26 *Exemplo de pórtico composto*   **Fig. 5.27** *Decomposição da estrutura do exemplo*

Exemplo 5.2

Determinar as reações de apoio para o pórtico composto da Fig. 5.28.

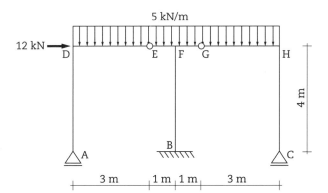

Fig. 5.28 *Pórtico composto e carregamentos atuantes*

Estaticidade
- Número de reações (VA, VB, VC, HB e MB): 5.

- Número de equações (3 equações de equilíbrio + $2(n-1)$, sendo n = número de elementos que concorrem na rótula): 5 (condição necessária atendida, pois número de reações = número de equações).
- Condição suficiente atendida (pode ser decomposta conforme a definição – Fig. 5.29): estrutura *isostática*.

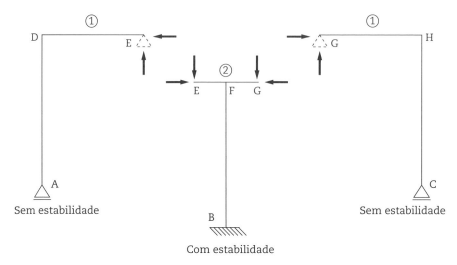

Fig. 5.29 *Decomposição da estrutura em trechos com e sem estabilidade própria*

Reações

- Trecho AE (Fig. 5.30):

$$\sum X = 0 \Rightarrow 12 - HE = 0 \Rightarrow HE = 12 \text{ kN}$$

$$\sum M_A = 0 \Rightarrow -12 \cdot 4 - 15 \cdot 1,5 + VE \cdot 3 = 0 \Rightarrow VE = 7,5 \text{ kN}$$

$$\sum Y = 0 \Rightarrow -15 + VE + VA = 0 \Rightarrow -15 + 7,5 + VA = 0 \Rightarrow VA = 7,5 \text{ kN}$$

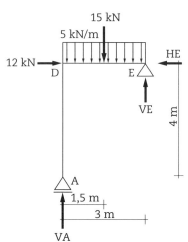

Fig. 5.30 *Sentidos arbitrados para as reações de apoio no trecho* AE

Verificação:

$$\sum M_E = 0 \Rightarrow -7,5 \cdot 3 + 15 \cdot 1,5 = 0 \Rightarrow 0 = 0$$

A Fig. 5.31 apresenta as reações de apoio no trecho AE.

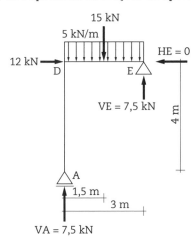

Fig. 5.31 *Reações de apoio no trecho AE*

- Trecho GC (Fig. 5.32):

$$\sum X = 0 \Rightarrow HG = 0$$

$$\sum M_G = 0 \Rightarrow -15 \cdot 1,5 + VC \cdot 3 = 0 \Rightarrow VC = 7,5 \text{ kN}$$

$$\sum Y = 0 \Rightarrow -15 + 7,5 + VG = 0 \Rightarrow VG = 7,5 \text{ kN}$$

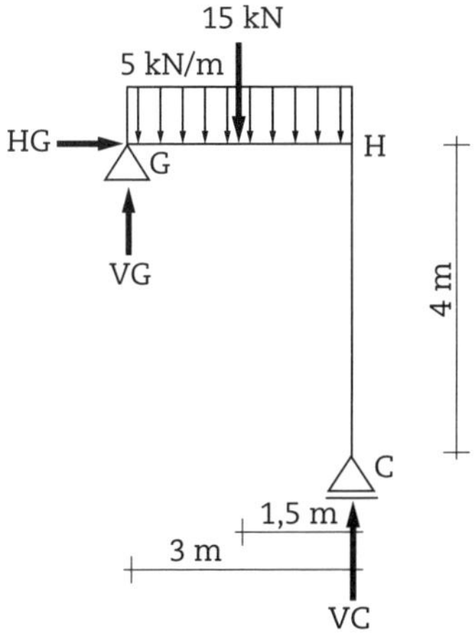

Fig. 5.32 *Sentidos arbitrados para as reações de apoio no trecho GC*

Verificação:

$$\sum M_C = 0 \Rightarrow -7,5 \cdot 3 + 15 \cdot 1,5 = 0 \Rightarrow 0 = 0$$

A Fig. 5.33 apresenta as reações de apoio no trecho GC.

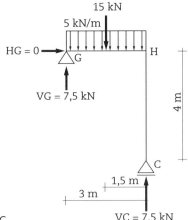

Fig. 5.33 *Reações de apoio no trecho GC*

- Trecho EGB (Fig. 5.34):

$$\sum X = 0 \Rightarrow 12 - HB = 0 \Rightarrow HB = 12 \text{ kN}$$

$$\sum Y = 0 \Rightarrow -10 - 7{,}5 - 7{,}5 + VB = 0 \Rightarrow VB = 25 \text{ kN}$$

$$\sum M_B = 0 \Rightarrow MB + 7{,}5 \cdot 1 - 12 \cdot 4 - 7{,}5 \cdot 1 = 0 \Rightarrow MB = 48 \text{ kN}$$

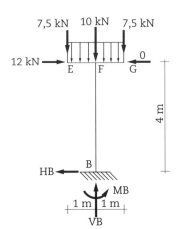

Fig. 5.34 *Ações transferidas dos trechos sem estabilidade e reações de apoio no trecho EGB (sentidos arbitrados)*

Verificação:

$$\sum M_E = 0 \Rightarrow -10 \cdot 1 - 7{,}5 \cdot 2 - 12 \cdot 4 + 48 + 25 \cdot 1 + 48 = 0$$
$$\Rightarrow 0 = 0$$

A Fig. 5.35 apresenta as reações de apoio no trecho EGB. As reações de apoio na estrutura são ilustradas na Fig. 5.36.

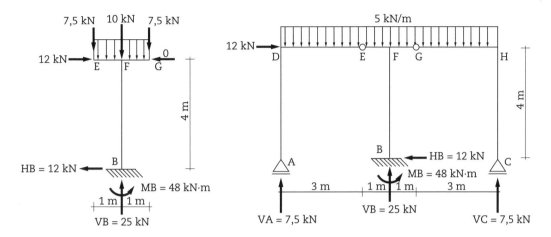

Fig. 5.35 *Reações de apoio no trecho EGB*

Fig. 5.36 *Reações de apoio na estrutura*

Verificações globais:

$$\sum X = 0 \Rightarrow 12 - 12 = 0 \Rightarrow 0 = 0$$

$$\sum Y = 0 \Rightarrow 7,5 + 25 + 7,5 - 40 = 0 \Rightarrow 0 = 0$$

5.3 Exercícios propostos

Determinar os esforços e traçar os diagramas correspondentes para os pórticos a seguir:

5.1)

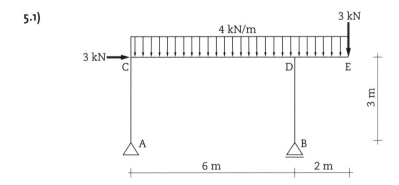

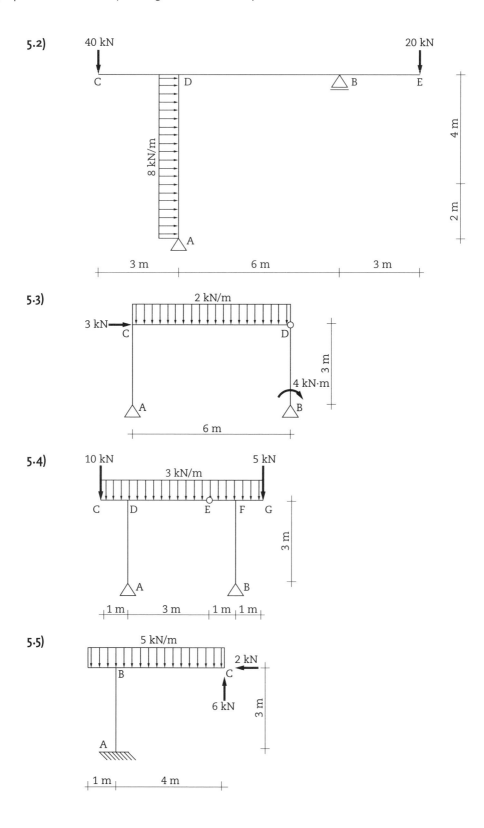

Pórticos planos | 93

Determinar as reações de apoio para os pórticos a seguir:

5.6)

5.7)

5.8)

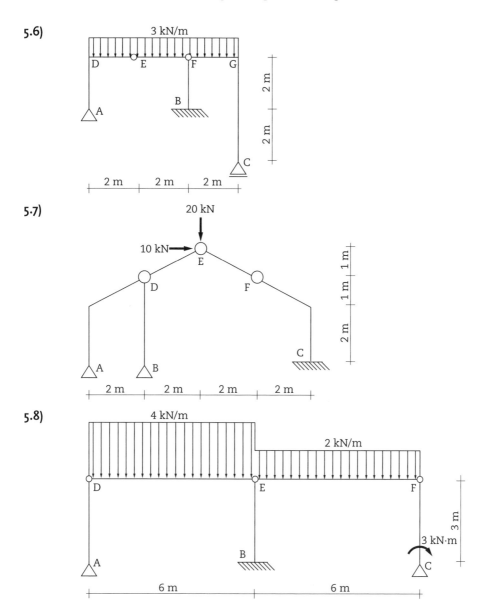

5.9)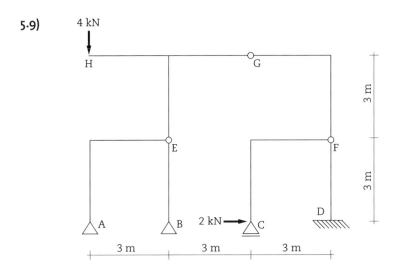

Treliças planas 6

Considere-se, inicialmente, a estrutura isostática anteriormente designada como um pórtico triarticulado e ilustrada na Fig. 6.1. Pelo fato de os apoios duplos não restringirem a rotação dos elementos que concorrem nesses pontos, o mesmo pórtico é redesenhado, de forma equivalente, como trirrotulado.

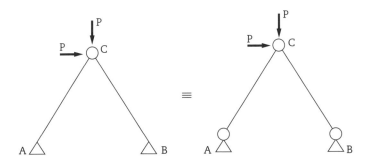

Fig. 6.1 *Pórticos trirrotulados*

Como as barras são rotuladas nos nós (pontos de movimento fletor nulo), tem-se que:

$$M_A = M_B = M_C = 0 \tag{6.1}$$

Sendo as cargas aplicadas apenas nos nós, tem-se das relações diferenciais que o momento fletor varia linearmente ao longo de cada elemento. Em consequência, os momentos nulos nos nós resultam em momentos nulos em toda a estrutura.

Lembra-se ainda que:

$$Q = \frac{dM}{dx} = 0 \tag{6.2}$$

Ou seja, os momentos fletores nulos em toda a estrutura permitem constatar que também não existem esforços cisalhantes nos elementos.

Em função dessas considerações e tratando-se de uma estrutura plana com carregamento aplicado no mesmo plano, tem-se como resultado que os elementos estarão submetidos apenas a esforços normais (tração e compressão).

A estrutura da figura constitui o modelo de treliça. Uma treliça ideal pode ser definida como uma estrutura constituída por ligações rotuladas, com cargas aplicadas apenas nos nós e indeformável (excetuando-se a variação de comprimento dos elementos).

Como resultado da presença de esforços unicamente axiais, as treliças constituem formas estruturais bastante eficientes, sendo empregadas particularmente na presença de grandes vãos ou de cargas elevadas. Exemplos clássicos de treliças são as tesouras de telhado, as torres de transmissão de energia e as estruturas de guindastes, entre outras.

A eficiência de uma treliça está diretamente relacionada à forma como seus elementos estão associados, buscando reduzir o caminho das cargas atuantes até os apoios. No entanto, a determinação da melhor configuração para cada situação não constitui tarefa simples, pois pode existir um número virtualmente ilimitado de configurações possíveis para um mesmo objetivo. Como referência, algumas configurações usuais de treliças podem ser empregadas (Fig. 6.2).

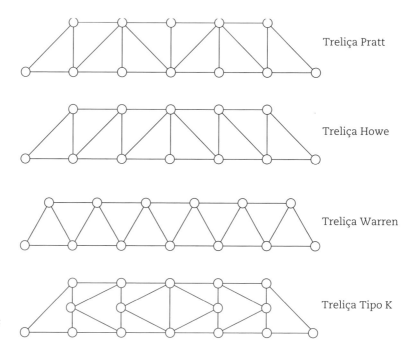

Fig. 6.2 *Configurações usuais de treliças*

Dependendo de sua disposição na treliça, os elementos constituintes são designados como banzos, diagonais e montantes, conforme indicado na Fig. 6.3.

Os materiais normalmente empregados nas estruturas treliçadas são o aço e a madeira, que apresentam características mecânicas semelhantes quando submetidos tanto a forças de tração como de compressão.

Com relação às uniões das barras da treliça, sabe-se que não existe rótula perfeita. Porém, caso os elementos sejam dispostos com seus eixos concorrentes em um mesmo

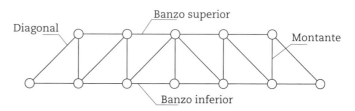

Fig. 6.3 *Nomenclatura usual dos elementos de treliças*

ponto, a união comporta-se como rótula (Figs. 6.4 e 6.5). Dessa forma, os elementos poderão ser parafusados, rebitados ou mesmo soldados em uma chapa de ligação (chapa *Gusset*), uma vez que as forças aplicadas nesses pontos não tenderão a produzir rotação relativa entre as barras da treliça.

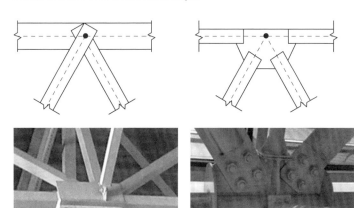

Fig. 6.4 *Uniões rotuladas*

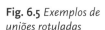

Fig. 6.5 *Exemplos de uniões rotuladas*

O arranjo dos elementos da treliça deve ser efetuado de modo a constituir uma estrutura indeformável, excetuando-se, como já frisado, a variação no comprimento de cada elemento. Nesse sentido, cabe observar que o único polígono fechado indeformável é o triângulo (Fig. 6.6).

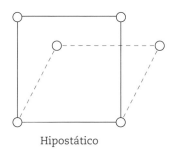

Hipostático

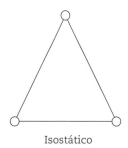

Isostático

Fig. 6.6 *Exemplos de polígonos fechados*

O triângulo constitui uma forma estável ou internamente isostática. Assim, de maneira simplificada, tem-se a obtenção de uma treliça internamente isostática pela associação de triângulos.

6.1 Estaticidade e lei de formação

Retomando o pórtico triarticulado referenciado no início deste capítulo, sabe-se que essa estrutura está adequadamente vinculada ao meio exterior, atendendo às condições necessárias e suficientes ao equilíbrio. Observa-se que a estrutura (a qual, por definição, é uma treliça ideal) será igualmente estável se, ao liberar o deslocamento horizontal de um de seus nós extremos, a função de restringir o deslocamento desse nó for atribuída a um novo elemento, como ilustrado na Fig. 6.7.

Cabe destacar que a estrutura resultante é constituída de um triângulo (polígono indeformável) biapoiado.

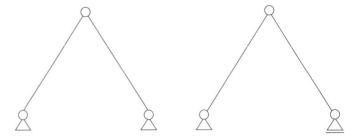

Fig. 6.7 *Configurações básicas de treliças simples isostáticas*

Ambas as formas ilustradas constituem treliças isostáticas e são designadas como *configurações fundamentais*, pois a partir delas podem ser geradas treliças de maior complexidade.

Estruturas que possuem quadros ou polígonos fechados têm sua estaticidade determinada não apenas pela vinculação externa (número e disposição dos vínculos), mas também em função do número e da disposição dos elementos, uma vez que os esforços nesses quadros fechados constituem incógnitas adicionais. Essa estaticidade interna é verificada pelo atendimento à *lei de formação de treliças simples isostáticas*, segundo a qual: uma treliça será internamente isostática se puder ser obtida, a partir de uma forma estável, pela adição de barras duas a duas, partindo dos nós existentes para novos nós (um nó para cada duas novas barras). Essa forma estável pode ser tanto uma das configurações fundamentais como um triângulo qualquer.

De modo mais geral, uma treliça será isostática (condição necessária) se o número de barras e de vínculos externos for o mínimo necessário à estabilidade. Considerando que as barras estarão submetidas somente a esforço axial (e, portanto, um único esforço por barra), o número de incógnitas será constituído do somatório do número total de barras e de reações de apoio. Uma vez que os eixos das barras são concorrentes nos nós e as cargas também são aplicadas apenas nos nós, o equilíbrio de cada nó fornece apenas as equações relativas ao somatório de forças.

Tem-se, portanto, que a condição necessária a ser atendida para que uma treliça seja isostática pode ser escrita como:

$$2n = b + r \tag{6.3}$$

em que:
n = número de nós;
b = número de barras;
r = número de reações de apoio.

Assim, por exemplo, se $2n > b + r$, então a estrutura é hipostática (número insuficiente de elementos e/ou de vínculos externos). Já se $2n = b + r$, a condição necessária para que a estrutura seja isostática é atendida. Resta ainda verificar a condição suficiente, relativa à disposição dos vínculos externos e dos elementos (verificação do atendimento à lei de formação).

As Figs. 6.8 a 6.11 apresentam alguns exemplos de verificação de treliças planas quanto à estaticidade.

6 Treliças planas | 99

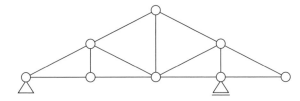

$n = 8 \quad b = 13 \quad r = 3$
$2 \cdot 8 = 13 + 3 \quad 16 = 16$

- Condição necessária atendida
- Atende à lei de formação
- Logo, é isostática

Fig. 6.8 *Verificação da estaticidade (exemplo 1)*

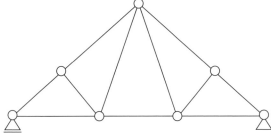

$n = 7 \quad b = 11 \quad r = 3$
$2 \cdot 7 = 11 + 3 \quad 14 = 14$

- Condição necessária atendida
- Atende à lei de formação
- Logo, é isostática

Fig. 6.9 *Verificação da estaticidade (exemplo 2)*

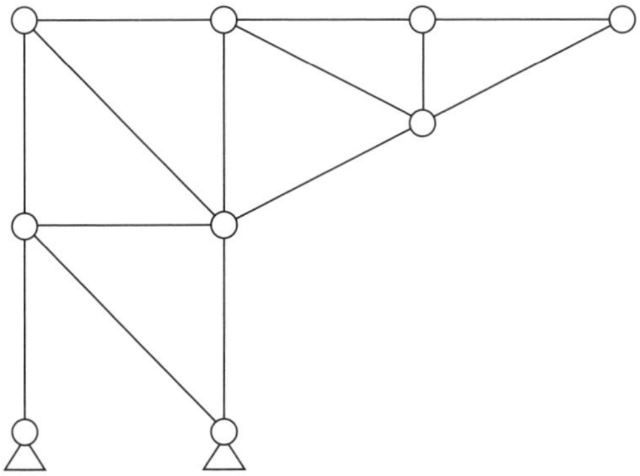

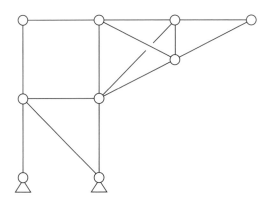

$n = 9 \quad b = 14 \quad r = 4$
$2 \cdot 9 = 14 + 4 \quad 18 = 18$

- Condição necessária atendida
- Atende à lei de formação
- Logo, é isostática

Fig. 6.10 *Verificação da estaticidade (exemplo 3)*

$n = 9 \quad b = 14 \quad r = 4$
$2 \cdot 9 = 14 + 4 \quad 18 = 18$

- Condição necessária atendida
- Não atende à lei de formação (o retângulo é deformável)
- Logo, é hipostática

Fig. 6.11 *Verificação da estaticidade (exemplo 4)*

Repare-se que a treliça da Fig. 6.11 é derivada da estrutura da Fig. 6.10, para a qual uma única barra foi trocada de posição.

Como observado, o atendimento à lei de formação consiste na condição suficiente para que a estrutura seja classificada quanto à estaticidade. Porém, o contrário nem sempre é verdadeiro. Dessa forma, pode-se proceder a uma classificação adicional da estrutura com relação à lei de formação, definindo a treliça como simples, composta ou complexa (destaca-se que, para fins de análise computacional, essa classificação torna-se sem efeito).

Uma treliça pode ser classificada como simples quando obedece à lei de formação. Já a treliça composta consiste na união de duas treliças simples, internamente isostáticas, através de três barras, nem paralelas nem concorrentes entre si, ou de um nó e uma barra. Em ambos os casos, a condição necessária é atendida.

A Fig. 6.12 mostra exemplos de treliças compostas.

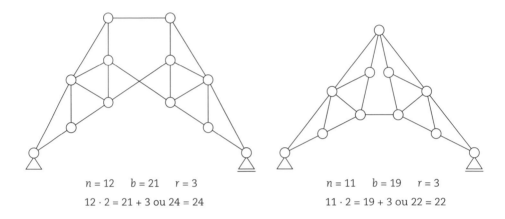

$n = 12 \quad b = 21 \quad r = 3$
$12 \cdot 2 = 21 + 3$ ou $24 = 24$

$n = 11 \quad b = 19 \quad r = 3$
$11 \cdot 2 = 19 + 3$ ou $22 = 22$

Fig. 6.12 *Treliças compostas*

Uma treliça complexa não se enquadra em nenhum dos casos anteriores. Apesar de atender à condição necessária, a determinação analítica dos esforços não é efetuada de maneira simples. Sua análise pode ser feita pelo método de Henneberg, o qual consiste na troca da posição de uma barra de modo a transformar a treliça complexa em simples.

Este capítulo se limita ao estudo de treliças planas. Para estruturas espaciais, a construção e o procedimento de análise são análogos, tendo-se, no entanto, três equações de equilíbrio por nó e o tetraedro em substituição ao triângulo.

É interessante notar que, uma vez definidos o vão a vencer, os pontos de aplicação de carga e a eventual inclinação da treliça, um vasto número de possíveis configurações pode ser gerado, tanto em função do número de elementos quanto de sua disposição, além das configurações mais usuais ilustradas na Fig. 6.2. Em função disso, muitos estudos envolvendo a otimização de treliças planas e espaciais têm sido desenvolvidos – como, por exemplo, em Kripka et al. (2016) ou em Kripka e Drehmer (2018). Além disso, competições têm sido incentivadas nas universidades e escolas técnicas buscando a concepção, o projeto e a construção de estruturas treliçadas de dimensões reduzidas (Fig. 6.13). Essa estratégia de ensino, além de proporcionar a aplicação de conceitos de Matemática e Física até então abstratos (Kripka et al., 2012; Kripka et al., 2018), permite a constatação de que existe um número virtualmente ilimitado de possíveis soluções para um mesmo problema. Assim, caberá ao profissional o aprofundamento do embasamento teórico e da prática profissional para a obtenção de projetos seguros e cada vez mais econômicos.

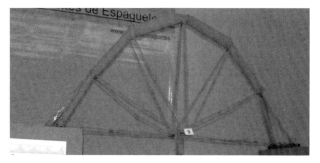

Fig. 6.13 *Competições de pontes de espaguete e de guindastes de palito de picolé na Universidade de Passo Fundo*

6.2 Determinação dos esforços em treliças simples isostáticas

A obtenção dos esforços em uma treliça isostática pode ser efetuada tanto pelo equilíbrio de uma seção (conhecido como *método de Ritter*) como pelo equilíbrio de seus nós (*método dos nós*). Em qualquer um destes, é mantida a mesma convenção para os sentidos positivos dos esforços que já vinha sendo empregada para outros modelos estruturais, porém simplificada pela presença unicamente de esforço axial (Fig. 6.14).

6.2.1 Método de Ritter

Também conhecido como *método das seções*, trata-se de um procedimento análogo ao aplicado às demais estruturas estudadas. Ou seja, uma vez equilibrada a estrutura,

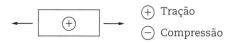

Fig. 6.14 *Convenção de esforços para treliças*

efetua-se uma seção no ponto da estrutura onde se deseja conhecer os esforços, aplicando as equações de equilíbrio a uma das partes. Como particularidade, tem-se o fato de que, uma vez que cada barra possui apenas um esforço como incógnita (e não três, como é o caso geral), a seção de corte pode interceptar até três barras, desde que estas não sejam nem paralelas nem concorrentes num mesmo nó.

Assim, para um elemento de viga ou pórtico, têm-se os esforços mostrados na Fig. 6.15, enquanto, para uma treliça, ocorrem os esforços listados na Fig. 6.16.

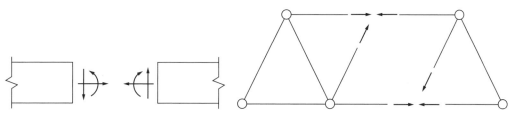

Fig. 6.15 *Esforços em uma seção de elemento de viga ou pórtico plano*

Fig. 6.16 *Esforços em uma seção de treliça*

Cabe destacar que as seções podem ter formas quaisquer, desde que sejam contínuas e atravessem a treliça, de modo a separá-la efetivamente em duas partes.

O método de Ritter permite a fácil obtenção dos esforços em barras situadas num ponto qualquer da estrutura. No entanto, quando se busca a obtenção dos esforços em todos os elementos da treliça, torna-se bastante trabalhoso, por exigir um número grande de seções de corte.

Exemplo 6.1

Determinar os esforços nas barras da treliça interceptadas pelas seções S1 e S2 indicadas na Fig. 6.17.

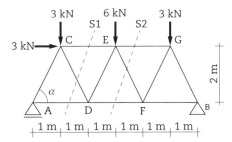

Fig. 6.17 *Treliça plana e carregamentos atuantes*

Estaticidade

$$2n = b + r$$

$$2 \cdot 7 = 11 + 3$$

$$14 = 14 \quad \text{(condição necessária atendida)}$$

Adicionalmente, atende à lei de formação de treliças simples isostáticas (condição suficiente), como pode ser visto na Fig. 6.18. Logo, a estrutura é *isostática*.

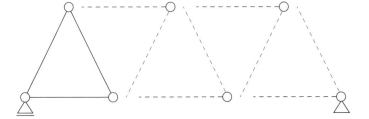

Fig. 6.18 *Verificação do atendimento à lei de formação*

Assim, as 14 incógnitas podem ser determinadas apenas com as condições de equilíbrio.

Reações de apoio

Os sentidos arbitrados para as reações de apoio são mostrados na Fig. 6.19.

6 Treliças planas

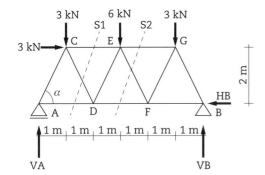

Fig. 6.19 Sentidos arbitrados para as reações de apoio

$$\sum X = 0 \Rightarrow -HB + 3 = 0 \Rightarrow HB = 3 \text{ kN}$$

$$\sum M_A = 0 \Rightarrow VB \cdot 6 - 3 \cdot 2 - 3 \cdot 1 - 6 \cdot 3 - 3 \cdot 5 = 0 \Rightarrow VB = 7 \text{ kN}$$

$$\sum M_B = 0 \Rightarrow -VA \cdot 6 + 3{,}5 + 6 \cdot 3 + 3 \cdot 1 - 3 \cdot 2 = 0 \Rightarrow VA = 5 \text{ kN}$$

Verificação:

$$\sum M_C = 0 \Rightarrow -5 \cdot 1 + 7 \cdot 5 - 6 \cdot 2 - 3 \cdot 4 - 3 \cdot 2 = 0 \Rightarrow 0 = 0$$

Esforços nas seções

$$\alpha = \text{arctg}\left(\frac{2}{1}\right) = 63{,}43°$$

- Seção S1 (Fig. 6.20):

$$\sum Y = 0 \Rightarrow -3 + 5 - N_{CD} \cdot \text{sen } \alpha = 0 \Rightarrow N_{CD} = 2{,}23 \text{ kN}$$

$$\sum M_D = 0 \Rightarrow -5 \cdot 2 - 3 \cdot 2 + 3 \cdot 1 - N_{CE} \cdot 2 = 0 \Rightarrow N_{CE} = -6{,}5 \text{ kN}$$

$$\sum X = 0 \Rightarrow 3 - 6{,}5 + N_{AD} + N_{CD} \cdot \cos \alpha = 0 \Rightarrow N_{AD} = 2{,}5 \text{ kN}$$

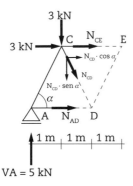

Fig. 6.20 Esforços nos elementos interceptados pela seção S1

Verificação:

$$\sum M_C = 0 \Rightarrow -5 \cdot 1 + 2,5 \cdot 2 = 0 \Rightarrow 0 = 0$$

- Seção S2 (Fig. 6.21):

$$\sum M_E = 0 \Rightarrow -N_{FD} \cdot 2 - 3 \cdot 2 + 7 \cdot 3 - 3 \cdot 2 = 0 \Rightarrow N_{FD} = 4,5 \text{ kN}$$

$$\sum M_F = 0 \Rightarrow -3 \cdot 1 + 7 \cdot 2 + N_{GE} \cdot 2 = 0 \Rightarrow N_{GE} = -5,5 \text{ kN}$$

$$\sum X = 0 \Rightarrow -N_{FE} \cdot \cos\alpha - 4,5 - (-5,5) - 3 = 0 \Rightarrow N_{FE} = -4,47 \text{ kN}$$

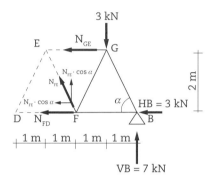

Fig. 6.21 *Esforços nos elementos interceptados pela seção S2*

Verificação:

$$\sum Y = 0 \Rightarrow -4,47 \cdot \text{sen } \alpha + 7 - 3 = 0 \Rightarrow 0 = 0$$

6.2.2 Método dos nós

Consiste no estudo do equilíbrio de cada nó, iniciando e prosseguindo pelos nós que só possuam duas incógnitas a determinar (esforços ou reações), até abranger todos os nós. A limitação a duas incógnitas deve-se ao fato de, no equilíbrio do nó, apenas as forças aplicadas nesse nó serem computadas (e, portanto, o somatório de momentos com relação a esse nó não fornecer nenhuma informação). Desse modo, apenas o equilíbrio de forças, não de momentos, pode ser empregado, o que faz com que nenhuma verificação possa ser efetuada até que se finalize o cálculo dos esforços em todos os elementos.

Uma vez que o método emprega os valores obtidos no equilíbrio dos nós anteriores, qualquer engano cometido, por exemplo, no sentido de um esforço, faz com que o erro se reflita em todo o restante da análise. Assim, é interessante que, sempre que possível, seja feita uma analogia com uma viga equivalente de alma cheia, de modo que se possa antever, se não a magnitude dos esforços, ao menos o sinal destes.

O método dos nós possui uma forma gráfica de resolução, em crescente desuso, conhecida como *método de Cremona*.

Exemplo 6.2

Empregando o método dos nós, determinar os esforços nas barras da treliça da Fig. 6.22.

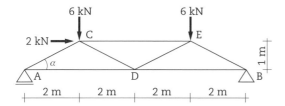

Fig. 6.22 Treliça plana e carregamentos atuantes

Estaticidade

$$2n = b + r$$

$$2 \cdot 5 = 7 + 3$$

$$10 = 10 \quad \text{(condição necessária atendida)}$$

Adicionalmente, atende à lei de formação de treliças simples isostáticas (condição suficiente). Logo, a estrutura é isostática.

Sendo assim, as dez incógnitas podem ser determinadas apenas com equações de equilíbrio de nó. No entanto, observa-se que, ao determinar as reações de apoio, restam sete incógnitas e, portanto, três equações excedentes e que poderão, ao final, permitir a verificação dos esforços calculados.

Reações

As ações e reações de apoio são mostradas na Fig. 6.23.

$$\sum X = 0 \Rightarrow -HB + 2 = 0 \Rightarrow HB = 2 \text{ kN}$$

$$\sum M_A = 0 \Rightarrow -2 \cdot 1 - 6 \cdot 2 - 6 \cdot 6 + VB \cdot 8 = 0 \Rightarrow VB = 6,25 \text{ kN}$$

$$\sum Y = 0 \Rightarrow VA + VB - 6 - 6 = 0 \Rightarrow VA + 6,25 - 12 = 0 \Rightarrow VA = 5,75 \text{ kN}$$

Verificação:

$$\sum M_B = 0 \Rightarrow -5,75 \cdot 8 + 6 \cdot 6 + 6 \cdot 2 - 2 \cdot 1 = 0 \Rightarrow 0 = 0$$

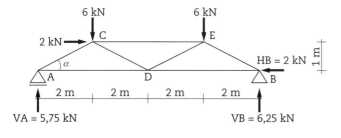

Fig. 6.23 Ações e reações de apoio

Esforços

$$\alpha = \text{arctg}\left(\frac{1}{2}\right) = 26{,}56°$$

Uma vez definida, por exemplo, a sequência de resolução ACDBE, tem-se:
- Nó A (Fig. 6.24):

$$\sum Y = 0 \Rightarrow N_{AC} \cdot \text{sen }\alpha + 5{,}75 = 0 \Rightarrow N_{AC} = -12{,}86 \text{ kN}$$

$$\sum X = 0 \Rightarrow N_{AD} + (-12{,}86) \cdot \cos\alpha = 0 \Rightarrow N_{AD} = 11{,}5 \text{ kN}$$

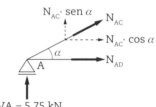

Fig. 6.24 *Equilíbrio do nó A*

- Nó C (Fig. 6.25):

$$\sum Y = 0 \Rightarrow -6 - N_{CD} \cdot \text{sen }\alpha + 5{,}75 = 0 \Rightarrow N_{CD} = -0{,}56 \text{ kN}$$

$$\sum X = 0 \Rightarrow N_{CE} + (-0{,}56) \cdot \cos\alpha + 11{,}5 + 2 = 0 \Rightarrow N_{CE} = -13 \text{ kN}$$

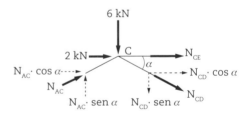

Fig. 6.25 *Equilíbrio do nó C*

- Nó D (Fig. 6.26):

$$\sum Y = 0 \Rightarrow N_{DE} \cdot \text{sen }\alpha - 0{,}25 = 0 \Rightarrow N_{DE} = 0{,}56 \text{ kN}$$

$$\sum X = 0 \Rightarrow N_{DB} + 0{,}56 \cdot \cos\alpha + 0{,}5 - 11{,}5 = 0 \Rightarrow N_{DB} = 10{,}5 \text{ kN}$$

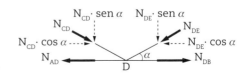

Fig. 6.26 *Equilíbrio do nó D*

- Nó B (Fig. 6.27):

$$\sum Y = 0 \Rightarrow N_{BE} \cdot \text{sen } \alpha + 6{,}25 = 0 \Rightarrow N_{BE} = -13{,}98 \text{ kN}$$

$$\sum X = 0 \Rightarrow -13{,}98 \cdot \text{sen } \alpha + 6{,}25 = 0 \Rightarrow 0 = 0 \text{ (verificação)}$$

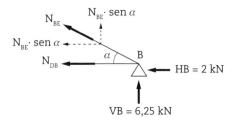

Fig. 6.27 Equilíbrio do nó B

- Nó E (verificação) (Fig. 6.28):

$$\sum Y = 0 \Rightarrow -6 + 6{,}25 - 0{,}25 = 0 \Rightarrow 0 = 0$$

$$\sum X = 0 \Rightarrow 13 - 0{,}5 - 12{,}5 = 0 \Rightarrow 0 = 0$$

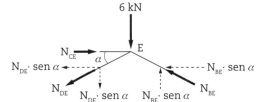

Fig. 6.28 Equilíbrio do nó E

6.3 Exercícios propostos

Empregando o método de Ritter, determinar os esforços nas barras interceptadas pelas seções indicadas:

6.1)

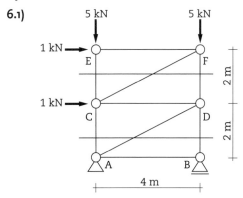

6.2)

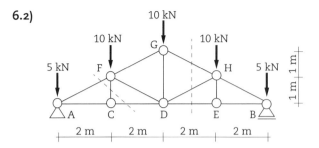

6.3)

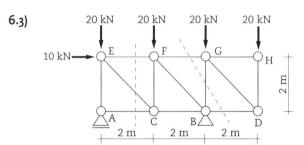

Empregando o método dos nós, determinar os esforços nas barras das treliças a seguir:

6.4)

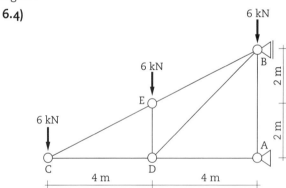

6.5) **6.6)**

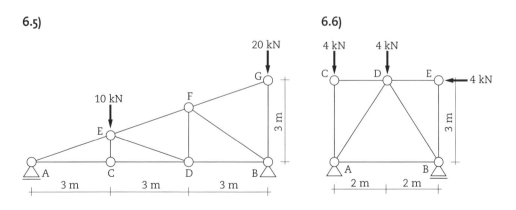

6 Treliças planas | 109

6.7)

6.8)

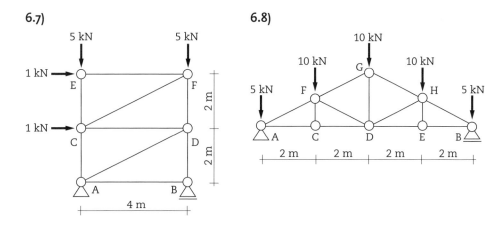

6.9)

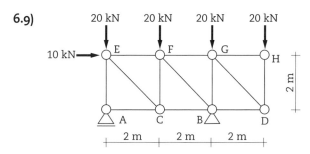

6.10)

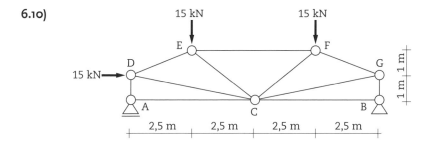

Grelhas 7

A exemplo dos demais modelos estudados, grelhas constituem estruturas planas. No entanto, estão submetidas apenas a carregamentos perpendiculares ao plano. Assim, designando novamente o plano da estrutura por XY, os componentes de força devem ser paralelos à direção Z (Fig. 7.1).

Para o sistema de referência adotado, as equações de equilíbrio ficam reduzidas a:

$$\sum Z = 0$$

$$\sum M_x = 0 \quad \quad (7.1)$$

$$\sum M_y = 0$$

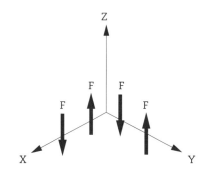

Fig. 7.1 Convenção para o sentido do carregamento

Uma vez que só pode ocorrer translação na direção da força aplicada e lembrando que uma força não provoca rotação em torno de um eixo quando ambos são paralelos, as demais equações anulam-se identicamente.

Em função das três condições de equilíbrio a serem atendidas, uma grelha isostática deve despertar apenas três reações, o que resulta em um número pequeno de possíveis vinculações, quais sejam: grelha com uma extremidade engastada e as demais livres (Fig. 7.2) e grelha triapoiada (Fig. 7.3). Assim, as grelhas de interesse prático possuem alto grau hiperestático.

Com relação à grelha triapoiada, é interessante observar que a constatação do número de três apoios como condição necessária para a estabilidade coincide com a noção intuitiva, quando se questiona, por exemplo, o número mínimo de pés necessários a um banco ou cadeira. Também intuitivamente se sabe que esses apoios não podem estar alinhados, pois, nesse caso, o equilíbrio será instável (Fig. 7.4).

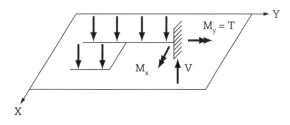

Fig. 7.2 Grelha engastada e livre

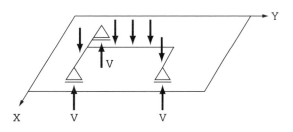

Fig. 7.3 Grelha triapoiada

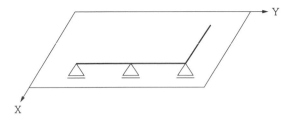

Fig. 7.4 *Grelha em equilíbrio instável (hipostática)*

Cabe ainda enfatizar que os apoios perpendiculares ao plano garantem a estabilidade como grelha. Deve ser prevista a vinculação que impeça movimentos no plano, caso exista carregamento em alguma de suas direções. Neste último caso, as seis equações de equilíbrio deverão ser verificadas, sendo a estrutura desmembrada em grelha e pórtico plano ou efetuada a análise como um pórtico espacial.

Em função dos graus de liberdade do modelo de grelha, três esforços são desenvolvidos: o esforço cortante na direção perpendicular ao plano da estrutura e os momentos de flexão e de torção. A convenção para os sentidos positivos dos esforços é relembrada na Fig. 7.5.

Fig. 7.5 *Convenção de sinais com os esforços do modelo de grelha*

Da convenção apresentada não consta o tracejado auxiliar ao traçado do diagrama de momentos fletores, visto que, a exemplo das vigas, todos os elementos podem ser considerados como *horizontais* e, nesse caso, fica evidente qual a face inferior de cada elemento. No entanto, nova convenção é necessária para que se identifiquem as faces *anterior* e *posterior* de cada elemento. Visualizando o quadro de convenção em perspectiva e imaginando a rotação deste no plano horizontal (Fig. 7.6), constata-se que o tracejado passa a ser função exclusivamente do esforço cortante e indica a face pela qual o elemento será visualizado.

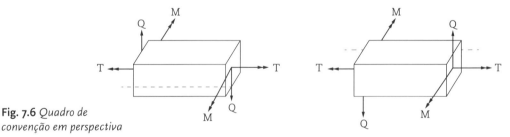

Fig. 7.6 *Quadro de convenção em perspectiva*

Exemplo 7.1

Determinar os esforços e traçar os diagramas correspondentes para a grelha mostrada na Fig. 7.7.

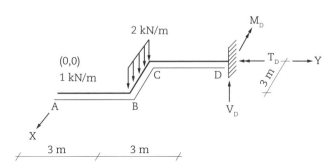

Fig. 7.7 *Estrutura, dimensões e carregamentos atuantes*

Reações

$$\sum Z = 0 \Rightarrow V_D - 1 - 2 \cdot 3 = 0 \Rightarrow V_D = 7 \text{ kN}$$

$$\sum M_{YD} = 0 \Rightarrow -T_D + 1 \cdot 3 + 2 \cdot 3 \cdot \frac{3}{2} = 0 \Rightarrow T_D = 12 \text{ kNm}$$

$$\sum M_{XD} = 0 \Rightarrow -M_D + 1 \cdot 6 + 2 \cdot 3 \cdot 3 = 0 \Rightarrow M_D = 24 \text{ kNm}$$

Todos os sentidos foram arbitrados corretamente.

Esforços

a] Nó A (extremo):
$$Q = -1 \text{ kN}$$
$$M = 0$$
$$T = 0$$

b] Nó D (extremo):
$$Q = -7 \text{ kN}$$
$$M = -24 \text{ kNm}$$
$$T = -12 \text{ kNm}$$

c] Nó B:
  ○ Seção sobre o elemento AB (Fig. 7.8):

$$\sum Z = 0 \Rightarrow -Q - 1 = 0 \Rightarrow Q = -1 \text{ kN}$$

$$\sum M_X = 0 \Rightarrow M + 1 \cdot 3 = 0 \Rightarrow M = -3 \text{ kNm}$$

$$\sum M_Y = 0 \Rightarrow T = 0 \text{ kNm}$$

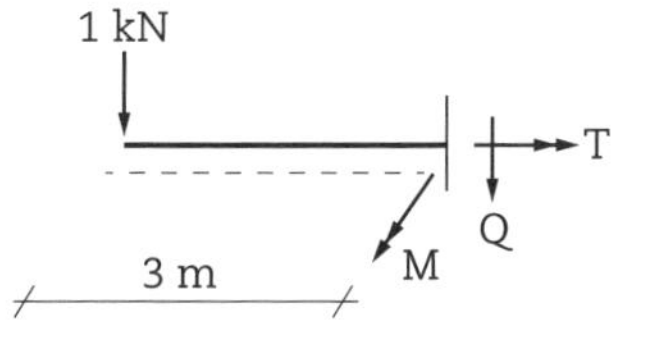

Fig. 7.8 *Seção imediatamente à esquerda do nó B*

  ○ Seção sobre o elemento BC (Fig. 7.9):

$$\sum Z = 0 \Rightarrow -Q - 1 = 0 \Rightarrow Q = -1 \text{ kNm}$$

$$\sum M_X = 0 \Rightarrow -T + 3 = 0 \Rightarrow T = 3 \text{ kNm}$$

$$\sum M_Y = 0 \Rightarrow M = 0 \text{ kNm}$$

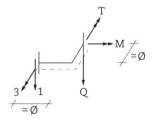

Fig. 7.9 *Seção imediatamente à direita do nó B*

d] Nó C:
  o Seção sobre CB (Fig. 7.10):

$$\sum Z = 0 \Rightarrow -Q - 1 - 2 \cdot 3 = 0 \Rightarrow Q = -7 \text{ kNm}$$

$$\sum M_X = 0 \Rightarrow -T + 3 = 0 \Rightarrow T = 3 \text{ kNm}$$

$$\sum M_Y = 0 \Rightarrow M + 1 \cdot 3 + 2 \cdot 3 \cdot \frac{3}{2} = 0 \Rightarrow M = -12 \text{ kNm}$$

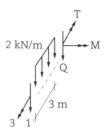

Fig. 7.10 *Seção imediatamente à esquerda do nó C*

  o Seção sobre CD (Fig. 7.11):

$$\sum Z = 0 \Rightarrow -Q - 7 = 0 \Rightarrow Q = -7 \text{ kNm}$$

$$\sum M_X = 0 \Rightarrow M + 3 = 0 \Rightarrow M = -3 \text{ kNm}$$

$$\sum M_Y = 0 \Rightarrow T + 12 = 0 \Rightarrow T = -12 \text{ kNm}$$

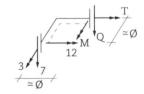

Fig. 7.11 *Seção imediatamente à direita do nó C*

Diagramas (Fig. 7.12)

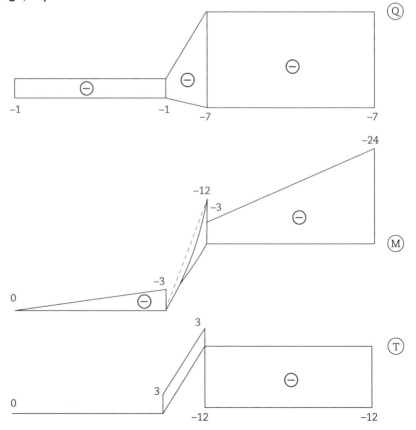

Fig. 7.12 *Diagramas de esforços solicitantes*

Deslocamentos em estruturas isostáticas 8

O dimensionamento de uma estrutura é efetuado com base na avaliação dos esforços e dos deslocamentos. O conhecimento dos esforços permite o dimensionamento dos elementos para que não ocorra a ruína da estrutura durante sua transmissão das ações para o meio exterior. Além disso, durante essa transmissão, a deformação da estrutura também deve ser conhecida, e seus deslocamentos devem ser limitados para que o comportamento da estrutura seja satisfatório ao longo de toda a sua vida útil. Os pequenos deslocamentos, como já destacado no Cap. 4, além de validar a própria hipótese de cálculo empregada na determinação dos esforços, possuem como objetivos:

- impedir danos aos elementos não estruturais (por exemplo, a fissuração de uma parede de alvenaria, o descolamento de pisos e revestimentos cerâmicos, o mau funcionamento de esquadrias);
- evitar a sensação de insegurança quanto à estabilidade da estrutura (causada, entre outros, por vibrações perceptíveis ou deformações excessivas de elementos);
- permitir a perfeita utilização da estrutura (por exemplo, manutenção do caimento que permita o adequado escoamento de água em pisos de coberturas e varandas, manutenção do piso plano em pistas de boliche e ginásios de esportes).

É interessante observar que os deslocamentos tendem a aumentar ao longo do tempo, mesmo que não haja acréscimo de novas cargas, num efeito designado como *fluência*. Assim, os deslocamentos devem ser limitados considerando também esse acréscimo, e não apenas os efeitos iniciais.

A deformação da estrutura é limitada a partir da determinação de seu deslocamento em determinados pontos. Os limites que devem ser obedecidos variam para cada material e são indicados nas normas técnicas correspondentes. Como ideia da ordem de grandeza dos limites para os deslocamentos, são fornecidos os valores da Fig. 8.1.

A preocupação com os deslocamentos em estruturas tem sido crescente ao longo das últimas décadas, uma vez que o desenvolvimento de materiais de maior resistência e de processos de análise mais sofisticados tem acarretado o projeto de estruturas mais flexíveis e, portanto, mais suscetíveis a deformações.

Diversos métodos podem ser empregados para o cálculo dos deslocamentos em estruturas. Nos itens seguintes do presente capítulo será apresentado um método usualmente designado como *método da carga unitária*, baseado no *princípio dos trabalhos virtuais*, e que permite o estudo de estruturas complexas com relativa facilidade. Além disso, o método fornece as bases para a análise de estruturas hiperestáticas, através da obtenção de relações de compatibilidade de deslocamentos com estruturas isostáticas que guardem certas relações com a estrutura original.

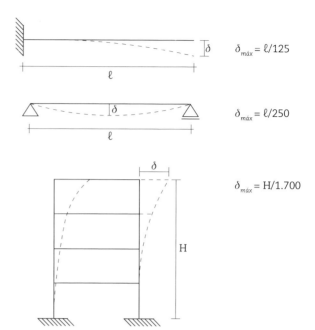

Fig. 8.1 *Exemplos de limites de deslocamentos*

8.1 Princípio dos trabalhos virtuais (PTV)

Seja inicialmente um ponto em equilíbrio, ou seja, sujeito a um sistema de forças de modo que a resultante desse sistema seja nula ($\sum F = 0$). Se esse ponto está em equilíbrio, não é possível deslocá-lo de sua posição sem a adição de novas forças. Assim, este seria um deslocamento imaginário, ou virtual. Tem-se então a definição de *deslocamento virtual* (δ): é todo movimento imaginário, arbitrário, compatível com os vínculos da estrutura, durante o qual as forças que agem no sistema são mantidas constantes. De modo análogo, pode-se também designar como *trabalho virtual* (W) o trabalho realizado pelas forças que agem no sistema durante um deslocamento virtual. Tem-se então que:

$$\text{Trabalho virtual: } W = \sum F \cdot \delta = 0, \text{ pois } \sum F = 0 \tag{8.1}$$

Considerando que um corpo rígido (indeformável) é composto por infinitos pontos materiais, da mesma forma tem-se W = 0. Já para um corpo elástico, e, portanto, deformável, deve-se levar em conta não apenas o trabalho exercido pelas forças externas, mas também o *trabalho associado às forças internas* (esforços).

Tem-se então, para uma estrutura deformável em equilíbrio:

$$W_{ext} = W_{int} \tag{8.2}$$

As deformações na estrutura são resultado de deslocamentos relativos entre pontos da estrutura. Esses deslocamentos podem ser devidos a diversos fatores, tais como a ação de cargas externas, variações de temperatura, e cedimentos (recalques) de apoios.

8 Deslocamentos em estruturas isostáticas | 117

Ao longo deste capítulo será estudada a determinação de deslocamentos decorrentes dessas causas, já que para cada uma delas existe alguma particularidade na determinação das expressões que permitem quantificar os trabalhos interno e externo. Inicia-se pelo caso mais usual, correspondente às ações externas.

8.1.1 Trabalho virtual das forças internas (Wint)

Considere-se a estrutura da Fig. 8.2, representando um elemento em equilíbrio em sua posição deformada. Essa situação, na qual é analisada a estrutura submetida às cargas atuantes, é designada como *estado de deformação* e permite a obtenção dos esforços N, Q e M (e também T, quando for o caso). Observa-se que a deformação pode ser descrita pelo deslocamento de seus pontos em relação à configuração inicial, tal como é o caso do deslocamento δ, medido perpendicularmente ao eixo do elemento. O deslocamento máximo é usualmente designado como *flecha*.

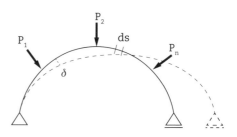

Fig. 8.2 *Estado de deformação (estrutura genérica)*

Como já visto, independentemente do modelo estrutural considerado, bem como do carregamento atuante, as deformações possíveis a uma estrutura podem ser associadas aos correspondentes esforços, ilustradas considerando duas seções transversais afastadas de uma distância infinitesimal ds (Fig. 8.3).

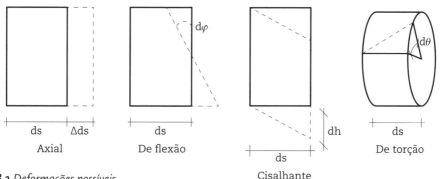

Fig. 8.3 *Deformações possíveis*

Supondo um material de comportamento linear (linearidade física), tem-se, por exemplo, para deformação axial, a situação ilustrada na Fig. 8.4.

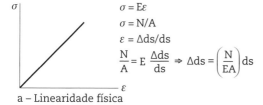

$\sigma = E\varepsilon$
$\sigma = N/A$
$\varepsilon = \Delta ds/ds$
$\dfrac{N}{A} = E \dfrac{\Delta ds}{ds} \Rightarrow \Delta ds = \left(\dfrac{N}{EA}\right) ds$

a – Linearidade física

Fig. 8.4 *Relações entre tensões e deformações axiais, em que E é o módulo de elasticidade longitudinal do material, σ é a tensão axial e A é a área da seção transversal*

De forma análoga, a partir das relações da resistência dos materiais:

$$d\varphi = \left(\frac{M}{EI}\right)ds \tag{8.3}$$

$$dH = \left(\chi \frac{Q}{GA}\right)ds \tag{8.4}$$

$$d\theta = \left(\frac{T}{G \cdot It}\right)ds \tag{8.5}$$

em que:
G = módulo de elasticidade transversal;
I = momento de inércia à flexão;
It = momento de inércia à torção;
χ = fator de correção devido à distribuição não uniforme das tensões cisalhantes.

Assim, para uma estrutura de comprimento ℓ, o trabalho produzido pelas forças internas pode ser escrito como:

$$\text{Wint} = \int_0^\ell \overline{N}\,\Delta ds + \int_0^\ell \overline{M}\,d\varphi + \int_0^\ell \overline{Q}\,dh + \int_0^\ell \overline{T}\,d\theta \tag{8.6}$$

8.1.2 Trabalho virtual das forças externas (Wext)

O trabalho produzido pelas forças externas é determinado associando-se uma carga virtual ao deslocamento que se deseja determinar, aplicada na direção desse deslocamento. Essa estrutura auxiliar, designada como *estado de carregamento* (Fig. 8.5), supõe que a carga seja compatível com o deslocamento, ou seja: uma força para deslocamento linear (translação), um momento para deslocamento angular (rotação) e um par de momentos (com sentidos opostos) para rotação relativa.

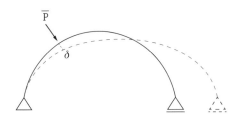

Fig. 8.5 *Estado de carregamento (estrutura genérica)*

Os esforços correspondentes à carga virtual $\overline{P}$ são designados como $\overline{M}$, $\overline{N}$, $\overline{Q}$ e $\overline{T}$. Levando em conta que as deformações serão pequenas, existirá proporcionalidade entre causa e efeito. Desse modo, pode-se considerar qualquer valor para a carga virtual. Por simplicidade, considera-se uma carga de valor unitário, e assim:

$$\text{Wext} = \overline{P} \cdot \delta \quad \text{ou} \quad \text{Wext} = 1 \cdot \delta = \delta \tag{8.7}$$

Por fim, lembrando que:

$$\text{Wext} = \text{Wint}$$

Tem-se:

$$\delta = \int_0^\ell \overline{N}\,\Delta ds + \int_0^\ell \overline{M}\,d\varphi + \int_0^\ell \overline{Q}\,dh + \int_0^\ell \overline{T}\,d\theta \tag{8.8}$$

Para cargas externas e comportamento linear, as relações anteriormente obtidas podem ser substituídas na expressão, chegando-se a:

$$\delta = \int_0^\ell \frac{N\overline{N}}{EA} ds + \int_0^\ell \frac{M\overline{M}}{EI} ds + \int_0^\ell \frac{\chi Q\overline{Q}}{GA} ds + \int_0^\ell \frac{T\overline{T}}{G \cdot It} ds \qquad (8.9)$$

Essa expressão é conhecida como *expressão de Mohr*, em que:
N, M, Q e T = esforços devidos ao carregamento real;
$\overline{N}$, $\overline{M}$, $\overline{Q}$ e $\overline{T}$ = esforços derivados do estado de carregamento.

8.2 Método da carga unitária (método de Mohr)

8.2.1 Caso geral

O método da carga unitária para cálculo dos deslocamentos propicia a determinação de deslocamentos através da aplicação direta da expressão de Mohr. Ao contrário de outros métodos, não permite o conhecimento da configuração deformada da estrutura, e sim a determinação do deslocamento em pontos predefinidos. Isso é o suficiente para fins práticos, pois permite que o efeito em um ponto crítico, como extremidade de balanços, por exemplo, seja obtido e comparado com limites impostos pelas normas técnicas.

De forma resumida, o método consiste na aplicação das seguintes etapas:

1] Verificar o tipo de esforço envolvido na análise, desprezando as demais parcelas. Por exemplo, os elementos de treliças são sujeitos apenas a deformações axiais, e pórticos planos não sofrem torção.
2] Determinar os esforços para o estado de deformação (carregamento real).
3] Determinar os esforços para o estado de carregamento (aplicação de uma carga virtual, compatível com o deslocamento a ser determinado e aplicada no ponto onde se deseja medi-lo).
4] Aplicar a expressão de Mohr.

Exemplo 8.1

Calcular o deslocamento vertical na extremidade do balanço da estrutura da Fig. 8.6 (ponto A). Considerar que as propriedades de material e de seção são as mesmas para todas as seções transversais, ou seja, são constantes ao longo da estrutura.

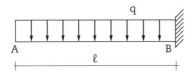

Fig. 8.6 *Estrutura e carregamento atuante*

Numa estrutura plana com carregamento no plano, os esforços possíveis são normal, cortante e momento fletor, sendo que em vigas o esforço normal pode ser desprezado. Além disso, em elementos muito curtos (altura da mesma ordem de grandeza do vão), a deformação se dá basicamente por flexão, o que faz com que a parcela de deformação por cisalhamento possa ser desconsiderada. Assim, para vigas e pórticos, a expressão de Mohr fica reduzida a:

$$\delta = \int_0^\ell \frac{M\overline{M}}{EI} ds \text{ ou } \delta = \int_0^\ell \frac{M\overline{M}}{EI} dx$$

Estado de deformação

Efetua-se a análise da estrutura original, determinando os esforços a serem considerados. No caso, adotando, por exemplo, o método das equações, tem-se (Fig. 8.7):

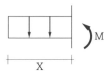

Fig. 8.7 *Momento fletor numa seção transversal genérica para o estado de deformação*

$$\sum M_S = 0 \Rightarrow M + qx\frac{x}{2} = 0 \Rightarrow M = -0{,}5qx^2$$

Estado de carregamento

Aplica-se uma carga virtual, compatível com o deslocamento, no ponto onde se deseja medi-lo – no caso do exemplo, uma força vertical unitária no ponto A. Supondo que a translação se dará de cima para baixo, tem-se o estado de carregamento da Fig. 8.8.

Fig. 8.8 *Estado de carregamento*

Por equilíbrio de uma seção genérica, tem-se (Fig. 8.9):

Fig. 8.9 *Momento fletor numa seção transversal genérica para o estado de carregamento*

$$\sum M_S = 0 \Rightarrow \overline{M} + 1x = 0 \Rightarrow \overline{M} = -x$$

Aplicação da expressão de Mohr

$$\delta = \int_0^\ell \frac{M\overline{M}}{EI} dx$$

$$\delta = \frac{1}{EI} \int_0^\ell M\overline{M} \, dx \quad \text{(propriedades de material E e de seção I constantes)}$$

$$\delta = \frac{1}{EI}\int_0^\ell (-0,5qx^2)(-x)\,dx = \frac{1}{EI}\int_0^\ell (0,5qx^3)\,dx$$

$$\delta = \frac{q}{2EI}\int_0^\ell x^3\,dx \qquad \delta = \frac{q\ell^4}{8EI}$$

Como resultado, chega-se a uma expressão para a determinação da translação vertical na extremidade do balanço de uma viga engastada submetida a carregamento uniforme. Esse deslocamento, correspondente à flecha imediata, pode ser empregado para limitar as deformações na estrutura comparando-o com o limite dado pela norma técnica correspondente. Caso esse limite seja superado, a inércia do elemento à flexão deve ser aumentada.

Com relação à expressão obtida da aplicação do método da carga unitária, cabem ainda as seguintes observações:

1] O sentido da translação foi arbitrado como sendo de cima para baixo, uma vez que esse foi o sentido da carga unitária aplicada no ponto A. Um resultado negativo indicaria que o sentido correto seria o oposto.

2] A carga unitária é adimensional. Assim, a unidade do deslocamento é função única das unidades dos demais dados (E, I, q e ℓ).

3] As relações diferenciais entre carga, esforço cortante e momento fletor, já vistas, podem ser estendidas ainda às rotações θ e às translações δ, nessa ordem.

$$-qy = \frac{dQ}{dx} = \frac{d^2M}{dx^2} = \frac{d^3\theta}{dx^3} = \frac{d^4\delta}{dx^4}$$

Assim, para uma carga de intensidade constante, tem-se a translação representada por uma equação de quarta ordem. Por essa mesma razão constata-se que, com o aumento do vão, os deslocamentos passam a ser mais significativos em relação aos esforços, governando o dimensionamento dos elementos.

4] Caso se deseje obter outro tipo de deslocamento (rotação, rotação relativa etc.) ou mesmo translação em outro ponto ou direção, um novo estado de carregamento deve ser gerado. Por exemplo, para a determinação da rotação no nó A da viga em estudo, considere-se o estado de carregamento mostrado na Fig. 8.10.

Fig. 8.10 *Estado de carregamento*

Para uma seção genérica, tem-se (Fig. 8.11):

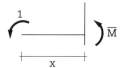

Fig. 8.11 *Momento fletor numa seção transversal genérica para o estado de carregamento*

$$\sum M_S = 0 \Rightarrow \bar{M} + 1 = 0 \Rightarrow \bar{M} = -1$$

$$\delta = \frac{1}{EI}\int_0^\ell \left(-0{,}5qx^2\right)(-1)dx = \frac{1}{EI}\int_0^\ell \left(0{,}5qx^2\right)dx$$

$$\delta = \frac{q}{2EI}\int_0^\ell x^2 dx \qquad \delta = \frac{q\ell^3}{6EI}$$

Procedimento análogo pode ser obtido para cargas e situações diversas, sendo tabeladas para configurações e cargas usuais. Por exemplo, para uma viga biapoiada com carga uniformemente distribuída q ao longo do vão ℓ, tem-se (Fig. 8.12):

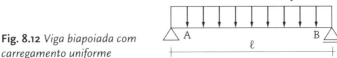

Fig. 8.12 *Viga biapoiada com carregamento uniforme*

Translação vertical no meio do vão:

$$\delta = \frac{5q\ell^4}{384EI} \text{ (de cima para baixo)} \tag{8.10}$$

Rotação nos apoios: $\theta_A = \dfrac{q\ell^3}{24EI}$ (8.11)

(sentido horário no apoio A e anti-horário no apoio B)

É interessante que se possam obter os deslocamentos em estruturas de maior complexidade e segundo distintos modelos estruturais, para as quais a obtenção de equações para cada trecho ou elemento não constitui uma estratégia prática. Assim, de forma alternativa, os deslocamentos podem ser determinados com o conhecimento unicamente dos diagramas de esforços. Isso pode ser feito com o uso de tabelas para o cálculo das integrais do produto entre M e $\overline{M}$. Essas tabelas, como a indicada a seguir (Tab. 8.1), são válidas apenas para elementos de eixo reto e inércia constante. Apesar de se referirem explicitamente a esforços de flexão, elas efetuam na verdade a integração do produto de formas geométricas diversas, podendo portanto ser aplicadas a qualquer outro tipo de esforço.

Por exemplo, no caso de vigas e pórticos:

$$\delta = \int_0^\ell \frac{M\overline{M}}{EI}dx \Rightarrow \delta = \sum \int_{barra} \frac{M\overline{M}}{EI_{barra}}dx \tag{8.12}$$

Chamando I_c de inércia de comparação (arbitrária e constante para toda a estrutura):

$$\delta = \sum \int_{barra} \frac{1}{EI_c}\frac{I_c}{I_{barra}} M\overline{M} dx \tag{8.13}$$

$$\delta = \sum \frac{1}{EI_c}\frac{I_c}{I_{barra}} \int_{barra} M\overline{M} dx \tag{8.14}$$

Tab. 8.1 Tabela de integrais do produto

$\bar{M}$ \ M	$\bar{M}$ (ret.)	$\bar{M}_B$ (tri.)	$\bar{M}_A\,/\,\bar{M}_B$ (trap.)	$\bar{M}_m$ (parab.)	$\bar{M}_B$ (parab.)	$\bar{M}_B$ (parab.)	$\bar{M}$ (α,β)
M (ret.)	$\ell'M\bar{M}$	$\frac{1}{2}\ell'M\bar{M}_B$	$\frac{1}{2}\ell'M(\bar{M}_A+\bar{M}_B)$	$\frac{2}{3}\ell'M\bar{M}_m$	$\frac{2}{3}\ell'M\bar{M}_B$	$\frac{1}{3}\ell'M\bar{M}_B$	$\frac{1}{2}\ell'M\bar{M}$
M_B (tri.)	$\frac{1}{2}\ell'M_B\bar{M}$	$\frac{1}{3}\ell'M_B\bar{M}_B$	$\frac{1}{6}\ell'M_B(\bar{M}_A+2\bar{M}_B)$	$\frac{1}{3}\ell'M_B\bar{M}_m$	$\frac{5}{12}\ell'M_B\bar{M}_B$	$\frac{1}{4}\ell'M_B\bar{M}_B$	$\frac{1}{6}\ell'(1+\alpha/L)M_B\bar{M}$
M_A (tri.)	$\frac{1}{2}\ell'M_A\bar{M}$	$\frac{1}{6}\ell'M_A\bar{M}_B$	$\frac{1}{6}\ell'M_A(2\bar{M}_A+\bar{M}_B)$	$\frac{1}{3}\ell'M_A\bar{M}_m$	$\frac{1}{4}\ell'M_A\bar{M}_B$	$\frac{1}{12}\ell'M_A\bar{M}_B$	$\frac{1}{6}\ell'(1+\beta/\ell)M_A\bar{M}$
$M_A\,/\,M_B$ (trap.)	$\frac{1}{2}\ell'(M_A+M_B)\bar{M}$	$\frac{1}{6}\ell'(M_A+2M_B)\bar{M}_B$	$\frac{1}{6}\ell'[M_A(2\bar{M}_A+\bar{M}_B)+M_B(2\bar{M}_B+\bar{M}_A)]$	$\frac{1}{3}\ell'(M_A+M_B)\bar{M}_m$	$\frac{1}{12}\ell'(3M_A+5M_B)\bar{M}_B$	$\frac{1}{12}\ell'(M_A+3M_B)\bar{M}_B$	$\frac{1}{6}\ell'\bar{M}[M_A(1+\beta/\ell)+M_B(1+\alpha/\ell)]$
M_M (parab.)	$\frac{2}{3}\ell'M_m\bar{M}$	$\frac{1}{3}\ell'M_m\bar{M}_B$	$\frac{1}{3}\ell'M_m(\bar{M}_A+\bar{M}_B)$	$\frac{8}{15}\ell'M_m\bar{M}_m$	$\frac{7}{15}\ell'M_m\bar{M}_B$	$\frac{1}{5}\ell'M_m\bar{M}_B$	$\frac{1}{3}\ell'(1+\alpha\beta)M_m\bar{M}$
M_B (parab.)	$\frac{2}{3}\ell'M_B\bar{M}$	$\frac{5}{12}\ell'M_B\bar{M}_B$	$\frac{1}{12}\ell'M_B(3\bar{M}_A+5\bar{M}_B)$	$\frac{7}{15}\ell'M_B\bar{M}_m$	$\frac{8}{15}\ell'M_B\bar{M}_B$	$\frac{3}{10}\ell'M_B\bar{M}_B$	$\frac{1}{12}\ell'[5-\beta/\ell-(\beta/\ell)^2]M_B\bar{M}$
M_A (parab.)	$\frac{2}{3}\ell'M_A\bar{M}$	$\frac{1}{4}\ell'M_A\bar{M}_B$	$\frac{1}{12}\ell'M_A(5\bar{M}_A+3\bar{M}_B)$	$\frac{7}{15}\ell'M_A\bar{M}_m$	$\frac{11}{30}\ell'M_A\bar{M}_B$	$\frac{2}{15}\ell'M_A\bar{M}_B$	$\frac{1}{12}\ell'[5-\alpha/\ell-(\alpha/\ell)^2]M_A\bar{M}$
M_B (parab.)	$\frac{1}{3}\ell'M_B\bar{M}$	$\frac{1}{4}\ell'M_B\bar{M}_B$	$\frac{1}{12}\ell'M_B(\bar{M}_A+3\bar{M}_B)$	$\frac{1}{5}\ell'M_B\bar{M}_m$	$\frac{3}{10}\ell'M_B\bar{M}_B$	$\frac{1}{5}\ell'M_B\bar{M}_B$	$\frac{1}{12}\ell'[1-\alpha/\ell-(\alpha/\ell)^2]M_B\bar{M}$
M_A (parab.)	$\frac{1}{3}\ell'M_A\bar{M}$	$\frac{1}{12}\ell'M_A\bar{M}_B$	$\frac{1}{12}\ell'M_A(3\bar{M}_A+\bar{M}_B)$	$\frac{1}{5}\ell'M_A\bar{M}_m$	$\frac{2}{15}\ell'M_A\bar{M}_B$	$\frac{1}{30}\ell'M_A\bar{M}_B$	$\frac{1}{12}\ell'[1-\beta/\ell-(\beta/\ell)^2]M_A\bar{M}$
M (α,β)	$\frac{1}{2}\ell'M\bar{M}$	$\frac{1}{6}\ell'(1+\alpha/\ell)M\bar{M}_B$	$\frac{1}{6}\ell'M[(1+\beta/\ell)\bar{M}_A+(1+\alpha/\ell)\bar{M}_B]$	$\frac{1}{3}\ell'(1+\alpha\beta)M\bar{M}_m$	$\frac{1}{12}\ell'[5-\beta/\ell-(\beta/\ell)^2]M\bar{M}_B$	$\frac{1}{12}\ell'[5-\alpha/\ell-(\alpha/\ell)^2]M\bar{M}_B$	$\frac{1}{3}\ell'M\bar{M}$

Valor tabelado:

$$\frac{I_c}{I_{barra}} \int_{barra} M\overline{M}\, dx \qquad (8.15)$$

$$\ell' = \ell_{barra} \frac{I_c}{I_{barra}} \qquad (8.16)$$

em que:
ℓ' = comprimento equivalente, o qual visa à consideração de elementos de inércias diferentes sem a alteração em suas rigidezes reais.

No caso de todos os elementos da estrutura terem a mesma inércia (por exemplo, todos os vãos de uma viga contínua com a mesma altura), não é necessária nenhuma correção. Assim, ao adotar a inércia de comparação como sendo a inércia real dos elementos, tem-se que o comprimento equivalente de cada elemento será igual a seu comprimento real.

Exemplo 8.2

Para a viga mostrada na Fig. 8.13, determinar o deslocamento vertical (translação) na extremidade do balanço (considerando EI constante para toda a estrutura).

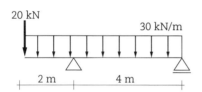

Fig. 8.13 *Estrutura e carregamentos atuantes*

O emprego de tabelas necessita apenas do conhecimento do diagrama correspondente ao esforço considerado, no caso, o momento fletor. Além disso, não é relevante o conhecimento dos pontos de momento fletor máximo nem de seu valor correspondente, informações essas necessárias ao dimensionamento. O conhecimento do formato do diagrama, bem como dos valores em pontos mais representativos, é a única informação necessária ao uso da tabela. Formas mais complexas de variação dos esforços podem ser decompostas em formas mais simples, como é o caso decorrente do estado de deformação para a viga do exemplo (Fig. 8.14).

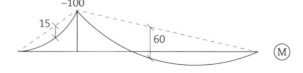

Fig. 8.14 *Momentos fletores para o estado de deformação*

No caso, o diagrama de esforços pode ser gerado a partir da superposição de parábolas e triângulos. Uma vez determinados os esforços nos pontos de transição (extremidades e ponto de apoio intermediário), as parábolas correspondentes ao carregamento distribuído são descontadas desses valores.

Estado de carregamento

Como o objetivo é a determinação da translação vertical no extremo do balanço, é nesse ponto que deverá ser aplicada a carga unitária vertical. O sentido é arbitrado, a exemplo do que se faz no cálculo das reações (Fig. 8.15).

A comparação dos diagramas, para efeito de emprego da tabela, é feita por elemento. Em cada um, tem-se o produto entre um triângulo e uma combinação triângulo-parábola, gerando então o produto entre dois triângulos (com vértices no mesmo lado) e um triângulo com uma parábola. Uma vez que se trata de um produto, é irrelevante se as figuras correspondentes a cada estado são tomadas na linha ou na coluna.

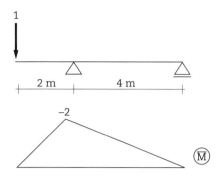

Fig. 8.15 *Estrutura e diagrama de momentos fletores para o estado de carregamento*

Como os elementos possuem mesma inércia, essa pode ser adotada como sendo a inércia de comparação e, portanto, o comprimento dos elementos não necessita nenhuma correção. Dessa forma:

$$\delta = \frac{1}{EI}\int_0^\ell M\overline{M}\,dx = \frac{1}{EI}\left(\frac{1}{3}\ell M\overline{M} + \frac{1}{3}\ell M\overline{M} + \frac{1}{3}\ell M\overline{M} + \frac{1}{3}\ell M\overline{M}\right)$$

$$\delta = \frac{1}{EI}\left[\frac{1}{3}\cdot 2\cdot(-100)\cdot(-2) + \frac{1}{3}\cdot 2\cdot 15\cdot(-2) + \frac{1}{3}\cdot 4\cdot(-100)\cdot(-2) + \frac{1}{3}\cdot 4\cdot 60\cdot(-2)\right]$$

$$\delta = \frac{220}{EI}$$

O resultado positivo indica que, de fato, a translação é para baixo (o nó translada para baixo em relação à configuração indeformada da estrutura).

Simplificação do método da carga unitária para treliças

Como já destacado, as formas geométricas da tabela de integrais do produto podem ser utilizadas para qualquer esforço, apesar de originalmente apresentarem a comparação entre momentos fletores. Assim, por exemplo, caso se deseje considerar a parcela de deformação por cortante em uma estrutura, basta a determinação do diagrama correspondente, e a aplicação da tabela pode ser efetuada de forma análoga aos exemplos anteriores. No caso de estruturas submetidas unicamente a deslocamentos decorrentes da deformação axial dos elementos, uma vez que o esforço normal é constante ao longo de cada elemento, e considerando em cada elemento uma seção transversal constante, tem-se:

$$\delta = \int_0^\ell \frac{N\overline{N}}{EA}\,dx = \sum \int_0^\ell \frac{N\overline{N}}{EA}\,dx \qquad (8.17)$$

$$\delta = \sum \frac{N\overline{N}}{EA}\int_0^\ell dx \qquad (8.18)$$

ou simplesmente

$$\delta = \sum \frac{N\bar{N}\ell}{EA} \qquad (8.19)$$

Assim, a integração é substituída por um simples somatório. Procedimento análogo pode ser aplicado a deformações decorrentes da torção.

8.2.2 Variação de temperatura

Conforme observado, segundo a expressão geral do princípio dos trabalhos virtuais (PTV):

$$Wext = Wint$$

em que:

$$Wext = \bar{P} \cdot \delta = 1 \cdot \delta = \delta$$

e

$$Wint = \int_0^\ell \bar{N}\, \Delta ds + \int_0^\ell \bar{M}\, d\varphi + \int_0^\ell \bar{Q}\, dh + \int_0^\ell \bar{T}\, d\theta$$

As expressões anteriormente desenvolvidas para Wint não podem ser empregadas para variação de temperatura, visto que foram obtidas para cargas externas. Além disso, os deslocamentos devidos à variação de temperatura são decorrentes apenas de duas possíveis deformações, quais sejam: axial e de flexão. Na sequência são obtidas novas expressões para esses dois deslocamentos.

Deformação axial

Considere-se uma viga de comprimento inicial ℓ sujeita a uma variação de temperatura positiva tg, acarretando um alongamento $\Delta\ell$, conforme ilustrado na Fig. 8.16. Tem-se que, considerando agora duas seções transversais próximas, afastadas de uma distância infinitesimal ds, a variação no comprimento entre as duas seções Δds é igual à relação entre $\Delta\ell$ e ℓ.

Tem-se, da resistência dos materiais, que a deformação ε pode ser determinada como:

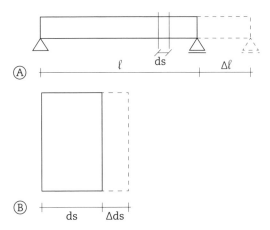

$$\varepsilon = \frac{\Delta ds}{ds} = \alpha \cdot tg \quad \text{ou} \quad \Delta ds = \alpha \cdot tg \cdot ds \qquad (8.20)$$

em que:

tg = gradiente de temperatura (variação de temperatura no centro de gravidade do elemento em relação ao dia de execução ou montagem do elemento);

α = coeficiente de dilatação térmica linear (propriedade do material) – por exemplo, para o concreto, $\alpha = 1 \times 10^{-5}/°C$ e, para o aço, $\alpha = 1{,}2 \times 10^{-5}/°C$.

Fig. 8.16 *Deformação axial (A) na viga e (B) num trecho infinitesimal*

Deformação de flexão

Considere-se agora a mesma viga de comprimento inicial ℓ sujeita a uma variação de temperatura positiva ΔT, sendo a temperatura em sua face inferior t_i positiva e a temperatura na face superior t_s negativa, de igual intensidade, conforme ilustrado na Fig. 8.17. Tal variação tende a produzir um alongamento nas fibras inferiores e igual encurtamento nas superiores, caracterizando um estado de flexão pura associado à rotação relativa $d\varphi$ entre as seções transversais.

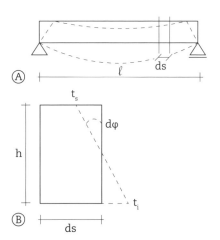

Fig. 8.17 *Deformação de flexão (A) na viga e (B) num trecho infinitesimal, em que h representa a altura da seção transversal e $\Delta t = t_i - t_s$*

Destaca-se que a diferença de temperatura deve ser considerada sempre como a diferença entre as temperaturas nas faces inferior e superior, nessa ordem. Isso deve ser feito para que uma variação de temperatura positiva, como é o caso da figura, corresponda a um momento fletor positivo, ou seja, em ambos os casos a tração se verifique nas fibras inferiores.

Também da resistência dos materiais, a rotação relativa entre as seções transversais afastadas de uma distância infinitesimal ds pode ser determinada por:

$$d\varphi = \frac{t_i - t_s}{h} \cdot ds \tag{8.21}$$

Assim:

$$W_{int} = \int_0^\ell \overline{N} \, \Delta ds + \int_0^\ell \overline{M} \, d\varphi \tag{8.22}$$

$$W_{int} = \int_0^\ell \overline{N} \cdot (\alpha \cdot tg \cdot ds) + \int_0^\ell \overline{M} \cdot \left(\frac{\alpha \Delta t}{h}\right) ds \tag{8.23}$$

$$W_{int} = \alpha \cdot tg \cdot \int_0^\ell \overline{N} \cdot ds + \frac{\alpha \Delta t}{h} \int_0^\ell \overline{M} \cdot ds \tag{8.24}$$

$$\delta = \alpha \cdot tg \cdot \int_0^\ell \overline{N} \cdot ds + \frac{\alpha \Delta t}{h} \int_0^\ell \overline{M} \cdot ds \tag{8.25}$$

Cabe observar que, no caso de variação de temperatura, não há uma integral do produto a efetuar, e sim o cálculo das integrais $\int_0^\ell \overline{N} \, ds$ e $\int_0^\ell \overline{M} \, ds$, as quais são numericamente equivalentes às áreas dos diagramas correspondentes. Desse modo, pode-se escrever:

$$A_{\overline{N}} = \int_0^\ell \overline{N} \, ds \quad \text{e} \quad A_{\overline{M}} = \int_0^\ell \overline{M} \, ds \tag{8.26}$$

ou simplesmente

$$\delta = \alpha \cdot tg \cdot A_{\overline{N}} + \frac{\alpha \Delta t}{h} A_{\overline{M}} \tag{8.27}$$

Das expressões anteriores, constata-se que não existem esforços N e M a considerar, decorrentes do estado de deformação, mas apenas os esforços devidos ao estado de carregamento (carga virtual). Isso se deve ao fato de que, em estruturas isostáticas, a variação de temperatura não produz esforços. Não é o caso de estruturas hiperestáticas, onde há restrições à livre deformação.

Um exemplo de estrutura isostática pode ser uma viga com uma extremidade engastada (Fig. 8.18). Supostamente, a temperatura pode aumentar (ou reduzir) sem que esforços sejam produzidos, já que não existe impedimento à deformação.

Imaginando como estrutura hiperestática um elemento perfeitamente ajustado a dois anteparos rígidos (Fig. 8.19), ou engastado nas duas extremidades, percebe-se que um aumento de temperatura exerce uma força nas extremidades proporcional a esse aumento, produzindo reações que tendem a gerar esforços de compressão no elemento.

Fig. 8.18 *Livre deformação em viga isostática*

Fig. 8.19 *Deformação impedida em viga hiperestática*

Exemplo 8.3

Determinar a translação vertical na extremidade do balanço da viga da Fig. 8.20.
Dados:
- Coeficiente de dilatação térmica $\alpha = 10^{-5}/°C$ (concreto).
- Seção retangular 20 cm × 50 cm (base × altura).
- Temperatura na face inferior $t_i = 70\ °C$.
- Temperatura na face superior $t_s = -10\ °C$.

Fig. 8.20 *Estrutura do exemplo*

Estado de deformação

Como já destacado, não são gerados esforços na estrutura, uma vez que os deslocamentos estão minimamente impedidos. O que ocorre efetivamente é uma deformação que pode ser decorrente dos efeitos axial e de flexão, isoladamente ou em conjunto.

Considerando a expressão de Mohr, tem-se:

$$\delta = \alpha \cdot tg \cdot A_{\overline{N}} + \frac{\alpha \Delta t}{h} A_{\overline{M}}$$

O gradiente de temperatura corresponde à variação de temperatura no centro de gravidade do elemento. Uma vez que a seção transversal é retangular, o centro de gravidade situa-se à metade da altura da seção. Caso não exista simetria (por exemplo, uma seção T), deve-se calcular a posição da linha neutra do elemento. No caso do exemplo, pode-se então constatar uma variação de 80 °C entre as faces inferior e superior e, portanto, uma variação de 40 °C desde uma dessas faces até a linha neutra, resultando em (Fig. 8.21):

$$\Delta t = t_i - t_s = 70 - (-10) = 80\ °C$$

$$tg = -10\ °C + 40\ °C = 30\ °C \text{ ou } tg = 70\ °C - 40\ °C = 30\ °C$$

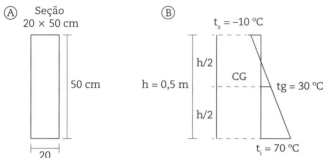

Fig. 8.21 *(A) Seção transversal da viga e (B) variação da temperatura ao longo da altura da seção*

Estado de carregamento

Considere-se a carga unitária na direção do deslocamento que se deseja conhecer, com sentido arbitrado (Fig. 8.22).

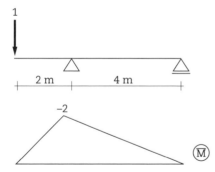

Fig. 8.22 *Estrutura e diagrama de momentos fletores para o estado de carregamento*

Não há esforço normal na viga devido à carga unitária aplicada. Assim, $A\overline{N} = 0$. Do diagrama de $\overline{M}$, obtém-se:

$$A\overline{M} = \frac{4 \cdot (-2)}{2} + \frac{2 \cdot (-2)}{2} = -6\ m^2$$

Percebe-se que a unidade (m²) não se deve ao fato de haver correspondência com uma área. Considerando que a carga virtual é adimensional, o esforço é em m, resultando em m² ao multiplicar pela unidade da base (unidade de comprimento da viga). De forma análoga, a unidade do esforço normal (se houvesse esforço normal na estrutura) seria adimensional, e a área seria em m.

Substituindo na expressão:

$$\delta = \alpha \cdot tg \cdot A_{\overline{N}} + \frac{\alpha \Delta t}{h} A_{\overline{M}}$$

$$\delta = 10^{-5} \cdot 30 \cdot 0 + \frac{10^{-5} \cdot 80}{0,5} \cdot (-6) = -0,0096 \text{ m} = -9,6 \text{ mm}$$

O sinal negativo indica que o nó se desloca para cima, devido à variação de temperatura considerada. Caso o objetivo fosse determinar igualmente a rotação ou a translação horizontal nesse mesmo nó ou em outro, bastaria alterar o estado de carregamento, posicionando uma carga unitária compatível no local desejado.

8.2.3 Recalques (cedimentos) de apoio

Mais uma vez, lembrando que:

$$\text{Wext} = \text{Wint}$$

É necessária a determinação de expressões específicas para o trabalho associado aos estados de deformação e de carregamento.

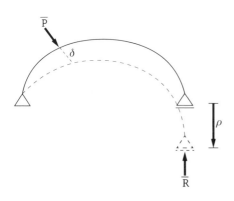

Fig. 8.23 *Estado de carregamento para recalque de apoio*

Trabalho virtual das forças externas

Novamente, aplica-se uma força virtual compatível com o deslocamento que se deseja medir. No entanto, observa-se que, onde houver deslocamentos, as forças associadas a estes produzirão trabalho. Assim, tem-se trabalho associado também à reação do apoio que sofrer o recalque (Fig. 8.23).

Desse modo:

$$\text{Wext} = \overline{P} \cdot \delta + \sum \overline{R}\rho = \delta + \sum \overline{R}\rho \qquad (8.28)$$

Trabalho virtual das forças internas

Nas estruturas isostáticas, quando se desloca um apoio, ocorre o movimento de corpo rígido. Ou seja, os pontos se deslocam sem que isso acarrete deformações (a posição *relativa* entre dois pontos quaisquer da estrutura não muda).

Assim:

$$\text{Wint} = 0$$

Exemplificando, tem-se para uma estrutura isostática a situação ilustrada na Fig. 8.24.

Fig. 8.24 *Deslocamento de um apoio em viga isostática*

Já para uma estrutura hiperestática, a restrição adicional aos deslocamentos produz esforços quando um apoio se desloca, proporcionais a esse deslocamento (Fig. 8.25).

Fig. 8.25 *Deslocamento de um apoio em viga hiperestática*

Então, igualando Wext e Wint:

$$1 \cdot \delta + \sum \overline{R}\rho = 0 \quad \text{ou} \quad \delta = -\sum \overline{R}\rho \qquad (8.29)$$

Exemplo 8.4

Para a viga da Fig. 8.26, determinar a translação vertical do nó E devida a um cedimento (recalque) no apoio A, vertical e de cima para baixo, igual a 6 cm.

Fig. 8.26 *Estrutura do exemplo*

Estado de deformação
Não há esforços (nem deformação) devidos ao deslocamento do apoio.

Estado de carregamento
Aplica-se a carga virtual no nó E, vertical e arbitrada como sendo de cima para baixo, conforme a Fig. 8.27. Nessa mesma figura já estão indicadas as reações de apoio correspondentes.

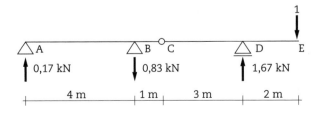

Fig. 8.27 *Ação e reações de apoio*

No caso, observa-se que $V_A \approx 0{,}17$. O apoio A é o único a se deslocar e, portanto, o único ponto vinculado a produzir trabalho. Dessa forma,

$$\delta = -\sum \overline{R}\rho = -(V_A)\cdot\rho = -(0{,}17)\cdot(-6) \approx 1 \text{ mm}$$

Como a reação e o cedimento possuem sentidos opostos, a um deles deve ser atribuído o sinal negativo. Assim, o resultado final é positivo, indicando que o nó E efetivamente se desloca para baixo. Uma vez que a reação é adimensional, a unidade final do deslocamento é aquela atribuída ao cedimento.

8.3 Exercícios propostos

8.1) Determinar a rotação no nó A da viga a seguir, devida:
   a) ao carregamento da figura (considerar EI constante);
   b) a uma variação de temperatura, com $t_s = -40$ °C e $t_i = 40$ °C (viga em aço, seção duplamente simétrica com altura de 0,4 m);
   c) ao cedimento (recalque) do nó B igual a 2 cm, vertical e de cima para baixo.

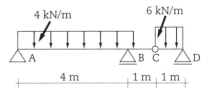

8.2) Determinar a rotação no nó B da viga a seguir, devida ao carregamento aplicado. Considerar E = 27 GPa e seção transversal retangular 20 cm × 60 cm (largura × altura).

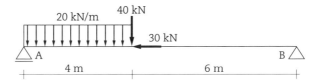

8.3) Determinar a translação vertical no meio do vão da viga a seguir, devida:
   a) ao carregamento da figura (considerar EI constante para todos os elementos);
   b) ao cedimento (recalque) do nó B igual a 2 cm, vertical e de cima para baixo.

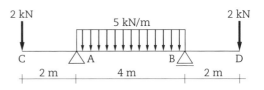

8.4) Determinar a rotação no nó A do pórtico a seguir, devida:
   a) ao carregamento da figura (EI constante);
   b) a uma variação de temperatura, com $t_s = 10$ °C (temperatura externa) e $t_i = 40$ °C (temperatura interna). Considerar elementos em concreto armado, com dimensão de 60 cm paralela ao plano da estrutura.

8 Deslocamentos em estruturas isostáticas | 133

8.5) Determinar a translação vertical no nó C da treliça a seguir, devida ao carregamento aplicado. Considerar mesmo material para todos os elementos, seção transversal 2A para os elementos CD e DA e seção transversal A para os demais.

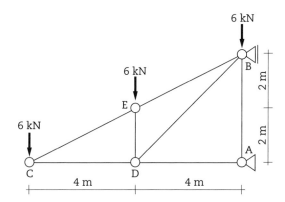

Apêndice 1
Etapas envolvidas no projeto de uma estrutura convencional

Com o objetivo de antecipar ao estudante o processo envolvido no cálculo estrutural, evidenciando onde se insere a análise nesse contexto, ilustra-se o estudo com um exemplo de cálculo de uma estrutura convencional.

O presente estudo, como é usual, modela a estrutura com uma associação de elementos unidimensionais (estrutura *reticulada*). Nesse caso, as lajes são analisadas isoladamente, descarregando diretamente nas vigas. Destaca-se que, em virtude de seu caráter essencialmente bidimensional, a determinação analítica dos esforços em lajes é limitada a casos simples de carregamento e vinculação. A análise das lajes de forma solidária com os demais elementos só é viável através de técnicas numéricas, tais como a *analogia de grelhas* e o *método dos elementos finitos*. Nessas, os resultados obtidos são aproximados, pelo fato de se analisarem estruturas contínuas como compostas por elementos discretos. Ao contrário, os elementos de barra são ditos naturalmente discretizáveis, pois, uma vez conhecido o comportamento em seus nós extremos, os efeitos nos demais pontos podem ser determinados sem aproximações adicionais.

Descrevem-se, na sequência, as etapas envolvidas no projeto de uma estrutura convencional. Como o próprio estudante poderá constatar nas disciplinas de projeto estrutural que se sucederão, optou-se por efetuar essa apresentação de forma simplista, para não privar o aluno desse contato inicial.

- *Lançamento e discretização*: de posse do projeto arquitetônico, definem-se o sistema estrutural e a disposição dos elementos, modelando a estrutura de acordo com os instrumentos disponíveis e a precisão desejada.

  Considerando, a título de ilustração, uma edificação simples, têm-se como possíveis modelos estruturais as Figs. A1.1 a A1.5.

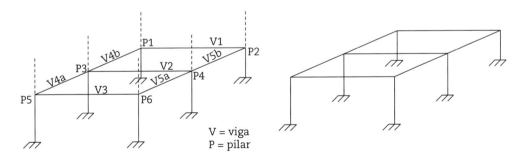

Fig. A1.1 *Exemplo de estrutura simples*   **Fig. A1.2** *Pórtico espacial*

- *Simulação da vinculação*: busca a reprodução com maior fidelidade possível do comportamento da união entre elementos, a qual é efetuada essencialmente em função de suas rigidezes relativas. Um exemplo é mostrado na Fig. A1.6.
- *Verificação da estaticidade*: isostática ou hiperestática?
- *Pré-dimensionamento dos elementos* (efetuado em função da experiência e/ou baseado em critérios obtidos da literatura técnica).
- *Composição do carregamento* (incluindo o peso próprio dos elementos).
- *Determinação das reações de apoio*.
- *Determinação dos esforços nos elementos* (incluindo o traçado dos diagramas).
- *Verificação dos estados-limites*: verificação da capacidade resistente dos elementos e do atendimento aos limites dos deslocamentos. Nessa etapa será constatada a necessidade de aumentar ou a possibilidade de manter (ou reduzir) as seções. No caso de alteração significativa das seções, a influência dessa alteração é computada no carregamento e a análise, refeita. Cabe destacar que, em estruturas hiperestáticas, a alteração nas dimensões de um único elemento provoca a redistribuição dos esforços.
- *Detalhamento da estrutura* (elementos e uniões).

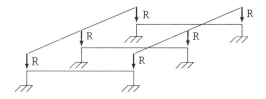

Fig. A1.3 *Pórticos planos*

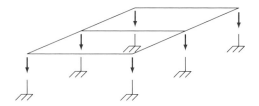

Fig. A1.4 *Grelha e pilares*

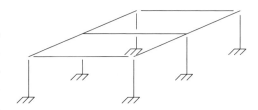

Fig. A1.5 *Viga e pilares*

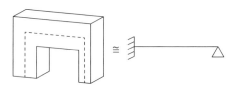

Fig. A1.6 *Exemplo de simulação da vinculação para um elemento de viga*

A1.1 Exemplo de composição do carregamento

Considere-se o teto-tipo, conforme ilustrado na Fig. A1.7, correspondente a uma sala de aula. Cabe observar que, num projeto arquitetônico, a visualização é efetuada no sentido inverso ao do estrutural.

Na planta da Fig. A1.7 (*planta de fôrmas*), a numeração dos elementos é efetuada da esquerda para a direita e de cima para baixo, conforme normatização específica. As dimensões das seções transversais das vigas incluem a espessura das lajes, como mostrado na Fig. A1.8.

A contribuição das alvenarias no enrijecimento da estrutura normalmente é desprezada, sendo computado apenas seu peso. No presente exemplo, são considerados

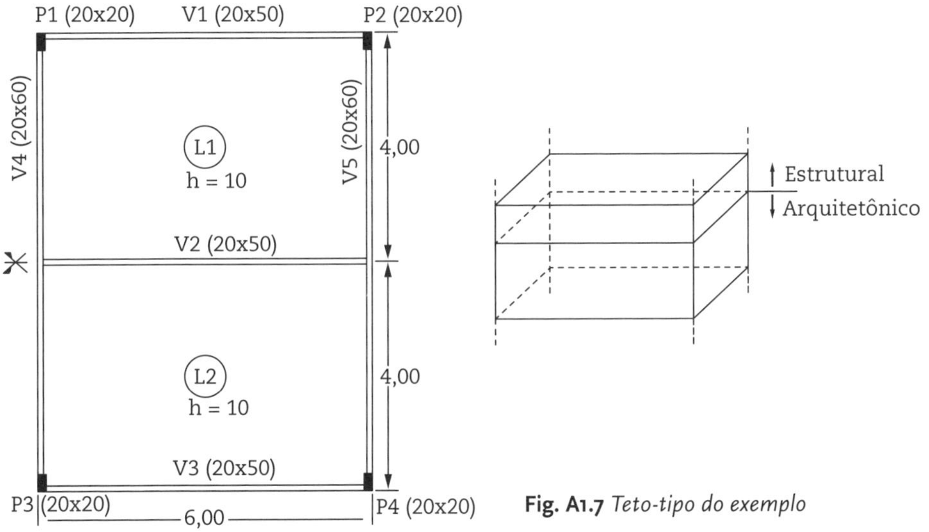

Apêndice 1 Etapas envolvidas no projeto de uma estrutura convencional |137

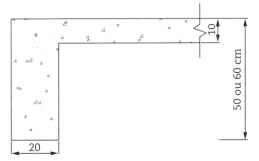

Fig. A1.7 Teto-tipo do exemplo

os seguintes dados: distância entre pisos igual a 3,4 m, espessura da parede pronta e = 15 cm (tijolo maciço) e paredes sobre todas as vigas.

Analisando a estrutura segundo o modelo de vigas e pilares isolados:

A1.1.1 Esquema estático
(Fig. A1.9)

Fig. A1.8 Seções transversais de vigas e lajes do exemplo

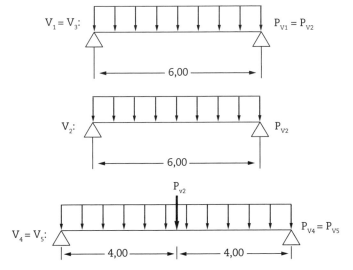

Fig. A1.9 Esquema estático das vigas do exemplo

A1.1.2 Composição das cargas

$P_{V1} = P_{v3} =$ R_L(reação do lado maior de uma laje)
Peso próprio da viga
Alvenaria
Outros (revestimentos etc.)

$P_{V2} = P_{V1} + R_L$

$P_{V4} = P_{v5} =$ r_L (reação do lado menor da laje)
Peso próprio da viga
Alvenaria etc.

A1.1.3 Cargas nas lajes (Fig. A1.10)

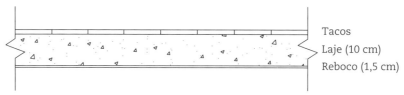

Fig. A1.10 *Composição do carregamento nas lajes*

$P_{L1} = P_{L2} =$ Peso próprio = $0,1 \times 25 = 2,5$ kN/m^2
Reboco = $0,015 \times 20 = 0,3$ kN/m^2
Peso dos tacos = $0,7$ kN/m^2
Ação variável vertical (sala de aula) = 3 kN/m^2
$P_L = 6,5$ kN/m^2

A1.1.4 Reações da laje

Visando a uma apresentação inicial do tópico, as reações das lajes serão computadas segundo as áreas de contribuição, considerando ângulos de 45° (Fig. A1.11). Cabe frisar que esse ângulo também varia em função da vinculação de cada lado da laje (totalmente livre, apoiado ou engastado).

Para um carregamento uniformemente distribuído q, chega-se às seguintes expressões:

$$r = \frac{q \cdot a}{4} \quad \text{e} \quad R = r \cdot \left(2 - \frac{a}{b}\right)$$

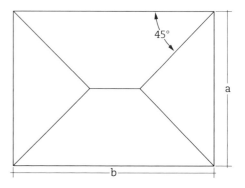

Fig. A1.11 *Determinação das reações de apoio por áreas de contribuição*

em que:

a = lado menor;
b = lado maior;
r = reação do lado menor (por metro linear);
R = reação do lado maior (por metro linear).

No exemplo:

$$r = \frac{6,5 \times 4}{4} = 6,5 \text{ kN/m}$$

$$R = 6,5 \times \left(2 - \frac{4}{6}\right) \cong 8,67 \text{ kN/m}$$

A1.1.5 Ações nas vigas (Figs. A1.12 e A1.13)

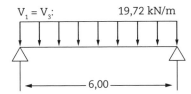
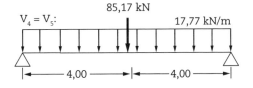

Fig. A1.12 *Carregamento nas vigas V_1 e V_3* **Fig. A1.13** *Carregamento nas vigas V_4 e V_5*

$V_1 = V_3 =$ $R_L = 8,67$ kN/m
Peso próprio = $0,2 \times 0,5 \times 25 = 2,5$ kN/m
Alvenaria = $0,15 \times 3 \times 19 = 8,55$ kN/m
= 19,72 kN/m

$V_2 =$ $p_{v2} = p_{v1} + R_L = 28,39$ kN/m

$$R_{v2} = \frac{p \cdot \ell}{2} = \frac{28,39 \times 6}{2} = 85,17 \text{ kN}$$

$V_4 = V_5 =$ $p = r_L = 6,5$ kN/m
Peso próprio = $0,2 \times 0,6 \times 25 = 3$ kN/m
Alvenaria = $0,15 \times 2,9 \times 19 = 8,27$ kN/m
= 17,77 kN/m

Apêndice 2
Respostas dos exercícios propostos

2.1) $V_A = 11$ kN $H_A = 0$ $M_A = -45$ kNm (positivo = Grinter)

2.2) $V_A = -4$ kN $H_A = 0$ $V_B = 4$ kN

2.3) $V_A = 1,75$ kN $V_B = 1,25$ kN $H_B = 2$ kN

3.1) $V_A = 22$ kN $H_A = 0$ $V_B = 29$ kN

3.2) $V_A = 3,67$ kN $H_A = -6$ kN $V_B = 9,33$ kN

3.3) $V_A = 26,25$ kN $H_A = 10$ kN $V_B = 13,75$ kN

3.4) $V_A = 16$ kN $H_A = 0$ $V_B = 10$ kN

3.5) $V_A = 12,44$ kN $V_B = 22,06$ kN $H_B = 0$

4.1)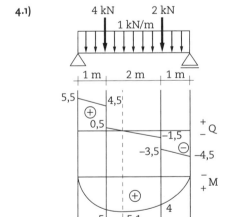

4.2)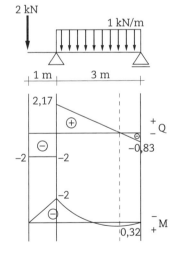

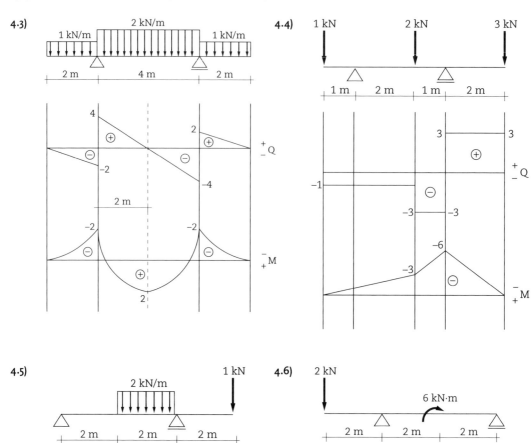

Apêndice 2 Respostas dos exercícios propostos |143

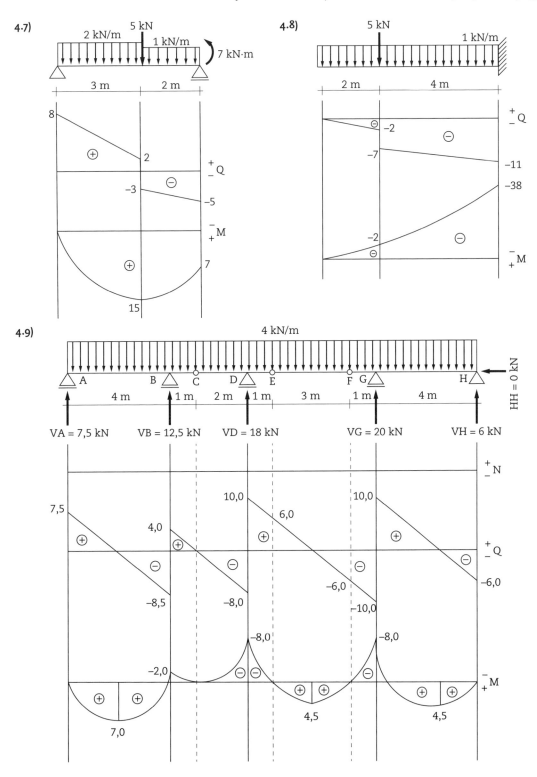

4.10)

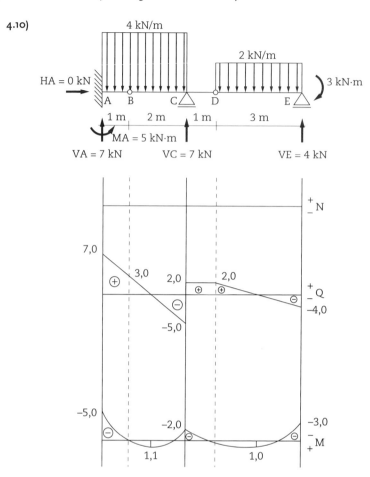

Apêndice 2 Respostas dos exercícios propostos |145

4.11)

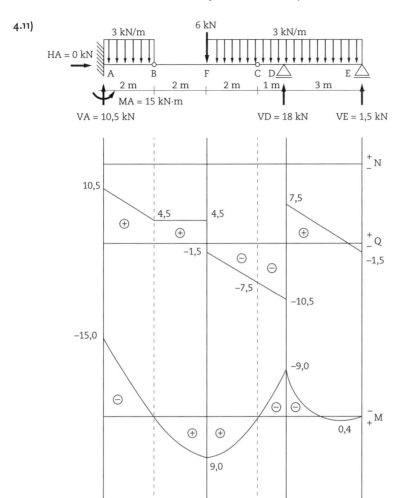

4.12)

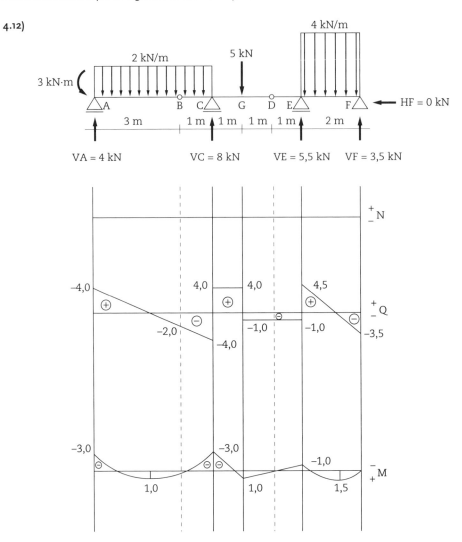

4.13)
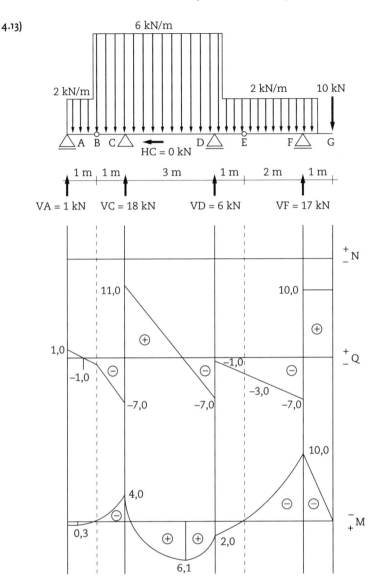

5.1)

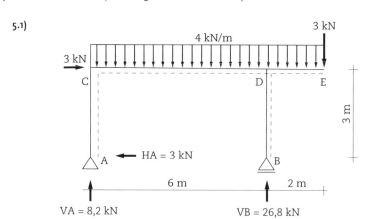

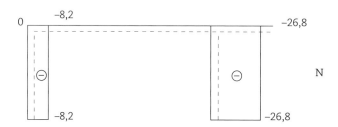

N

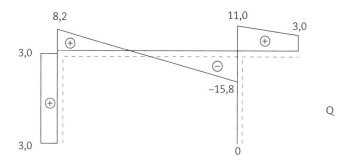

Q

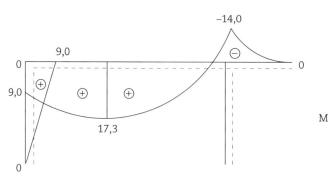

M

Apêndice 2 Respostas dos exercícios propostos | 149

5.2)

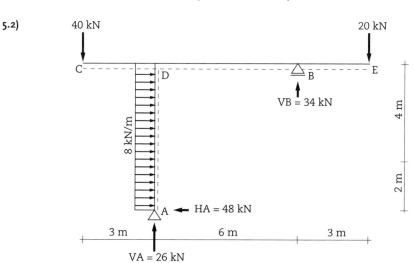

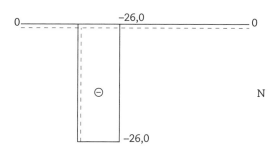

N

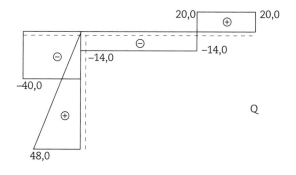

Q

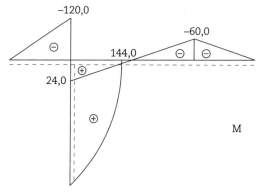

M

5.3)
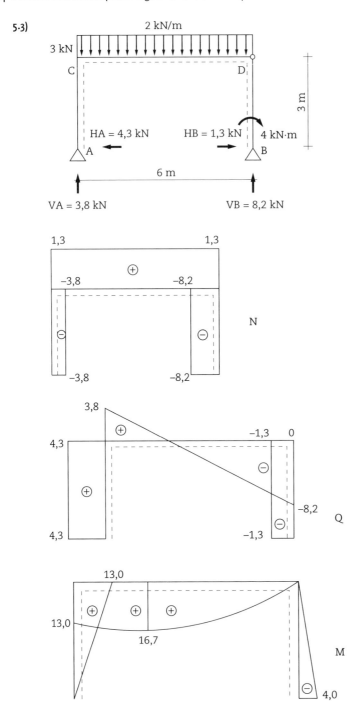

Apêndice 2 Respostas dos exercícios propostos | 151

5.4)

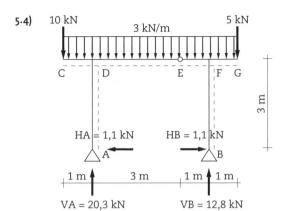
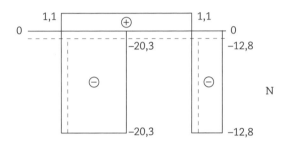
N
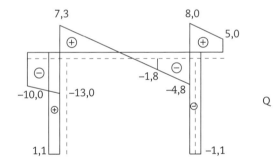
Q
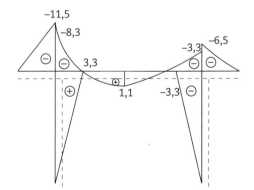
M

5.5)

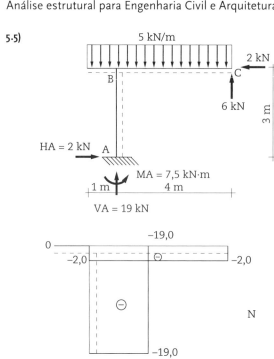

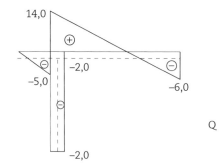

N

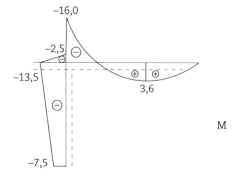

Q

M

Apêndice 2 Respostas dos exercícios propostos | 153

5.6)

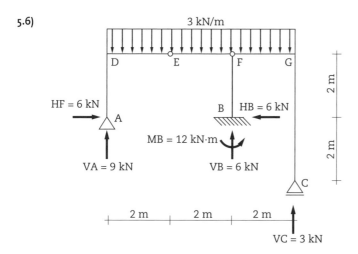

5.7)

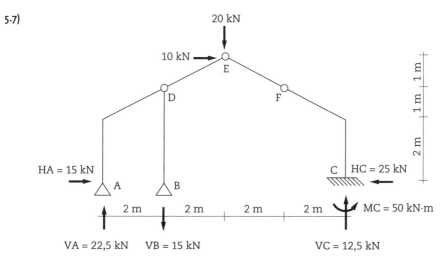

5.8)

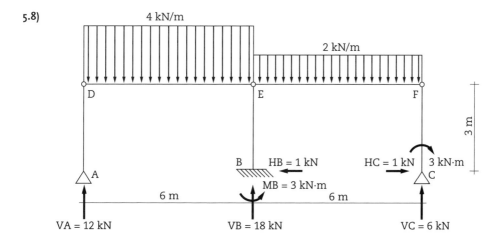

5.9)

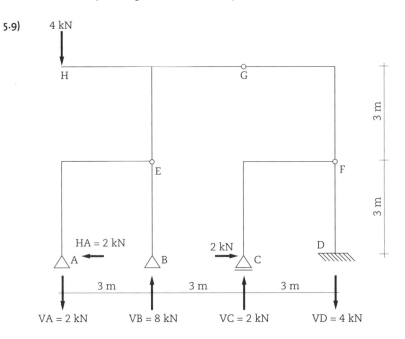

6.1)

Barra	N (kN)
CF	1,12
AD	2,24
AC	−4,50
CE	−5,00
BD	−6,50
DF	−5,50

6.2)

Barra	N (kN)
CD	30,00
DE	30,00
AF	−33,54
CF	0
DH	−11,18
GH	−22,36

6.3)

Barra	N (kN)
EF	−5,00
FG	20,00
AC	0
BD	−20,00
EC	−7,07
BG	−40,00

6.4)

Barra	N (kN)
CD	−12,00
DA	−18,00
CE	13,42
ED	−6,00
EB	13,42
AB	−18,00
DB	8,49

Apêndice 2 Respostas dos exercícios propostos | 155

6.5)

Barra	N (kN)
AC	20,00
CD	20,00
DB	5,00
AE	−21,08
EF	−5,27
FG	0
CE	0
ED	−15,81
DF	5,00
FB	−6,01
BG	−20,00

6.6)

Barra	N (kN)
CD	0
DE	−4,00
AB	−0,67
AC	−4,00
AD	−6,01
DB	1,20
EB	0

6.7)

Barra	N (kN)
EF	−1,00
CF	1,12
CD	−2,00
AD	2,24
AB	0
AC	−4,50
CE	−5,00
BD	−6,50
DF	−5,50

6.8)

Barra	N (kN)
AC	30,00
CD	30,00
DE	30,00
EB	30,00
AF	−33,54
CF	0
FG	−22,36
FD	−11,18
DG	10,00
DH	−11,18
GH	−22,36
EH	0
HB	−33,54

6.9)

Barra	N (kN)
EF	−5,00
FG	20,00
GH	0
AC	0
CB	−5,00
BD	−20,00
AE	−15,00
EC	−7,70
CF	5,00
FB	−35,36
BG	−40,00
GD	28,28
DH	−20,00

156| Análise estrutural para Engenharia Civil e Arquitetura

6.10)

Barra	N (kN)
AC	0
CB	−15,00
AD	−13,50
DE	−29,60
EF	−22,50
FG	−29,60
GB	−16,15
DC	12,70
EC	−6,40
FC	−6,40
GC	28,00

8.1)

a] $\theta = \dfrac{8,67}{EI}$ rad

b] $\theta = 4,8 \times 10^{-3}$ rad

c] $\theta = 5 \times 10^{-3}$ rad (todos no sentido horário)

8.2) $\theta = 4,83 \times 10^{-3}$ rad (sentido anti-horário)

8.3)

a] $\delta = \dfrac{8,66}{EI}$ m

b] $\delta = 1\,\text{cm}$ (ambos para baixo)

8.4)

a] $\theta = \dfrac{65,83}{EI}$ rad

b] $\theta = 3,5 \times 10^{-3}$ rad (ambos no sentido horário)

8.5) $\delta = \dfrac{460,3}{EA}$ m (de cima para baixo)

Referências bibliográficas

ABNT – ASSOCIAÇÃO BRASILEIRA DE NORMAS TÉCNICAS. *NBR 6118*: projeto de estruturas de concreto – procedimento. Rio de Janeiro, 2014.

ABNT – ASSOCIAÇÃO BRASILEIRA DE NORMAS TÉCNICAS. *NBR 6120*: ações para o cálculo de estruturas de edificações. Rio de Janeiro, 2019.

ABNT – ASSOCIAÇÃO BRASILEIRA DE NORMAS TÉCNICAS. *NBR 6123*: forças devidas ao vento em edificações – procedimento. Rio de Janeiro, 1988.

ABNT – ASSOCIAÇÃO BRASILEIRA DE NORMAS TÉCNICAS. *NBR 15421*: projeto de estruturas resistentes a sismos – procedimento. Rio de Janeiro, 2006.

KRIPKA, M.; DREHMER, G. A. Geometric optimization of steel trusses with parallel chords. *Journal of Construction Engineering, Management & Innovation*, v. 1, p. 129-138, 2018.

KRIPKA, M.; KRIPKA, R. M. L.; ROCHA, L. A.; BARBOSA, I. D.; BERNARDI, D. K.; MIGLIORINI, B. P. Uma atividade didática elaborada por alunos para alunos: competição de guindastes de palitos de picolé. *Educação & Tecnologia*, v. 23, p. 1-11, 2018.

KRIPKA, M.; PRAVIA, Z. M. C.; MEDEIROS, G. F.; DIAS, M. M. Simultaneous geometry and cross-section optimization of aluminum trusses. *Multidiscipline Modeling in Materials and Structures* (Print), v. 12, p. 315-325, 2016.

KRIPKA, R. M. L.; KRIPKA, M.; PEREZ, C. A. S.; MEDEIROS, G. F. Projeto interdisciplinar Uma Ponte para o Futuro: Competição de Pontes de Espaguete em Escolas de Ensino Médio. *Cataventos*, v. 3, p. 1-18, 2012.